かわいい！
たのしい！

ハムスターと
なかよくなれる
ヒミツがいっぱい！

ハムスターの育て方

監修●中村ちはる
アーリン動物病院院長

はじめに

体《からだ》が小《ちい》さくてかわいらしいハムスター。ペットショップでのその姿《すがた》を見《み》て、「飼《か》いたい！」と思《おも》う人《ひと》も多《おお》いでしょう。必要《ひつよう》な飼育用具《しいくようぐ》を買《か》いそろえたらすぐにでも飼えそうなハムスターですが、生態《せいたい》をよく知《し》らずに飼いはじめると、ハムスターが病気《びょうき》になってしまったり、かわいそうな思いをさせてしまいます。この本《ほん》は、ハムスターの生態やお世話《せわ》の基本《きほん》をわかりやすく解説《かいせつ》したものです。ハムスターをこれから飼う人はもちろん、すでに一緒《いっしょ》に暮《く》らしている人も、この本でハムスターのことを正《ただ》しく知って、もっと仲《なか》よくなりましょう！

プロローグ

ようこそ ハムスターの世《せ》界《かい》へ!

ジャンガリアンハムスター

ハムスターの1日《にち》

おはよう

とってもかわいい
ハムスターの１日を、
ちょっとのぞいてみましょう。

ゴールデンハムスター

今日《きょう》は
どんな１日に
なるのかなあ？

ゴールデンハムスター

お目《め》覚《ざ》め

やあ！

こんにちは！

ゴールデンハムスター

ハムスターが目を覚ますのは、夕方《ゆうがた》になってから
です。昼間《ひるま》はほとんど眠《ねむ》っています。
（くわしくは 56 ページ）

ごはん
まだ
かなぁ？

ジャンガリアンハムスター

ぽけ〜〜

ジャンガリアンハムスター

ゴールデンハムスター

ハムスターはよく眠ります。寝《ね》ているときにびっくりさせたりしないように、エサをあげるなどのお世話《せわ》をするのは、ハムスターが起《お》きてからにしましょう。（くわしくは57ページ）

食《た》べる

おいしいね！

ゴールデンハムスター

食べることは
大《だい》好《す》き！

きみも食べる？

ジャンガリアンハムスター

ハムスターの食事《しょくじ》は、栄養《えいよう》のバランスを考《かん》えてペレットと野菜《やさい》を中心《ちゅうしん》にあげましょう。(くわしくは 60・61 ページ)

ゴールデンハムスター

ゴールデンハムスター

ゴールデンハムスター

ひとつ
もらうよ！

モグモグモグモグモグモグモグ
モグモグモグモグモグモグモグ…

ゴールデンハムスター

雑食性《ざっしょくせい》のハムスターは、いろいろなものを食べます。
エサのあげすぎで、肥満《ひまん》にしないように注意《ちゅうい》しましょう。
（くわしくは 64・65 ページ）

遊《あそ》ぶ

ゴールデンハムスター

あっちから
おいしそうな
においがしたよ

ジャンガリアンハムスター

ロボロフスキーハムスター

スッポリ…

狭《せま》いところ好《す》き！

ジャンガリアンハムスター

ゴールデンハムスター

きみと仲《なか》よくなりたいなあ…

ゴールデンハムスター

遊びで適度《てきど》な運動《うんどう》をさせることも、ハムスターの健康《けんこう》のためには大切《たいせつ》です。ハムスターが好きな遊びには、回《まわ》し車《ぐるま》などがあります。ハムスターのお家《うち》に回し車を入《い》れてあげると、一晩中《ひとばんじゅう》走《はし》っていることも。（くわしくは88・89ページ）

かわいい！たのしい！

ハムスターの育て方 もくじ

第《だい》1章《しょう》

ハムスターの選《えら》び方《かた》

ゴールデンハムスター

ハムスターを飼《か》う前《まえ》に考《かんが》えておくこと

一緒《いっしょ》に考えてみよう。

小《ちい》さくて、愛《あい》らしいハムスター。こんなにかわいいハムスターがお家《うち》にいたら、とっても楽《たの》しそう――だけど、ハムスターを飼う前に考えておいてほしいことがいくつかあります。

最後《さいご》までお世話《せわ》してくれる？

どんな動物《どうぶつ》を飼う場合《ばあい》でもいえることですが、ペットを飼うことには責任《せきにん》が伴《ともな》います。毎日《まいにち》きちんとお世話をし、病気《びょうき》やケガをしたら病院《びょういん》へ連《つ》れて行《い》き、最後まで責任を持《も》ってめんどうを見《み》られますか？

ゴールデンハムスター

ゴールデンハムスターのノーマルタイプ。体《からだ》の大《おお》きさは15㎝から20㎝くらいになります。

ハムスターの性質《せいしつ》を理解《りかい》して育《そだ》てられる？

夜行性《やこうせい》のハムスターは、昼間《ひるま》はほとんど寝《ね》ています。それを無理《むり》に起《お》こして遊《あそ》んだり、しつこくなで回《まわ》したりすると、ハムスターにとっては大迷惑《だいめいわく》。かわいいからといって、構《かま》い過《す》ぎは禁物《きんもつ》なのです。

ぼくらに合《あ》った飼育環境《しいくかんきょう》を用意《ようい》できる？

縄張《なわば》り意識《いしき》が強《つよ》いハムスターは、1匹《ぴき》につき1つのケージで飼わないとケンカをしてしまうことも。また、1日《にち》の運動量《うんどうりょう》がかなり多《おお》いため、十分《じゅうぶん》な広《ひろ》さを持ったケージが必要《ひつよう》になります。

どんなハムスターを飼いたい？

一口《ひとくち》にハムスターといっても、種類《しゅるい》は豊富《ほうふ》。ハムスターとどのように付《つ》き合《あ》いたいかによって、自分《じぶん》と合った性質のハムスターを選《えら》びましょう。

●ゴールデンハムスター？ドワーフハムスター？

体が大きな「ゴールデンハムスター」に対《たい》して、ジャンガリアンなどの小《ちい》さい種《しゅ》は「ドワーフハムスター」と呼《よ》ばれ、性格《せいかく》も異《こと》なります。

●1匹飼い？複数《ふくすう》飼い？

1匹で飼うことが基本《きほん》のハムスターですが、複数で飼いたいと考えている場合は、それに適《てき》している種類を選ぶようにしましょう。

●オス？ メス？

オスに比《くら》べてメスのほうが気《き》が強《つよ》く、複数で飼うのには向《む》きません。また、出《しゅっ》産《さん》を考えていない場合、オスとメスを一緒《いっしょ》のケージで飼ってはいけません。

ジャンガリアンハムスター

ドワーフハムスターの一種ジャンガリアンのノーマルタイプ。大きさは10㎝程度《ていど》。

はじめまして〜

かわいい〜
なんて名前にしよう？
わ〜っ かわいい名前
チャム
ポポマル
チャッピー
ナッツ
チロリン
ポク
ドキ ドキ
ところが…
なんや こいつ ゴロゴロ くつろいで ばかりや〜！
え〜っ！
よしっ！名前は ハムゴローや！
…という おとうさんの一言で…
彼の名は「ハムゴロー」になりました.
あ〜かわいい名前が 去っていく〜〜っ
まっ でも このほうが 性に合ってるか
なっとく

ハムスターはどこで手《て》に入《い》れる？

ハムスターが欲《ほ》しいと思《おも》ったら、ペットショップへ行《い》くのが一般的《いっぱんてき》です。なるべくよい環境《かんきょう》のペットショップで、実際《じっさい》に自分《じぶん》の目《め》で見《み》てお気《き》に入《い》りの子《こ》を選《えら》ぶようにしましょう。

よいペットショップで選ぼう

ハムスターは人気《にんき》のペットなので、扱《あつか》っている店《みせ》は多《おお》くあります。健康的《けんこうてき》なハムスターを迎《むか》えるためには、店の規模《きぼ》の大小《だいしょう》にかかわらず、ハムスターがきちんと飼《か》われている、よいペットショップで選ぶようにしましょう。

椿《つばき》うららちゃん
（♀・ジャンガリアン）

ハムスターを飼《か》っている人にもらう場合《ばあい》

友達《ともだち》の家《いえ》でハムスターの赤《あか》ちゃんが生《う》まれるという話《はなし》があれば、譲《ゆず》ってもらえるように頼《たの》んでおくのもよいでしょう。また、ハムスターなどの小動物《しょうどうぶつ》を扱うインターネットのサイトや情報誌《じょうほうし》などで、ハムスターを譲りたいという人《ひと》を探《さが》す方法《ほうほう》もあります。

ポイント Point

ハムスターを選ぶなら夕方《ゆうがた》がおすすめ

ハムスターは夜行性《やこうせい》の動物なので、ハムスターを買《か》うためにペットショップへ行く時間《じかん》は、ハムスターが元気《げんき》な夕方以降《いこう》が適《てき》しています。ハムスターがほとんど寝《ね》ている昼間《ひるま》の時間帯《たい》は、健康な子《こ》とそうではない子の見分《みわ》けが難《むずか》しくなります。

よいペットショップの見分け方《かた》

□ 衛生的《えいせいてき》。整《せい》とんされている。

店の中《なか》が、きちんと整とんされていて見やすく、掃除《そうじ》が行き届《とど》いていてきれいだということがよいペットショップの第一条件《だいいちじょうけん》。

□ 店員《てんいん》さんが質問《しつもん》にきちんと答《こた》えてくれる。

動物好《ず》きで生《い》き生きと働《はたら》く店員さんがいる店なら、ペットたちのお世話《せわ》もきちんとされているはず。質問に親切《しんせつ》に対応《たいおう》してくれるのはよい店です。

□ ハムスターの飼育環境《しいくかんきょう》がよい。

ハムスターのケージを見て、ケージは水槽《すいそう》タイプか、中は清潔《せいけつ》か、種《たね》ばかりを与《あた》えていないか、給水《きゅうすい》ボトルを使用《しよう》しているかなどをチェックしましょう。

□ ハムスターの種類《しゅるい》が多い。

できるだけ多くのハムスターの中から気に入った子が選べるように、種類や数《かず》が豊富《ほうふ》な店へ行くとよいでしょう。

□ 飼育用品《ようひん》の品《しな》ぞろえがよい。

市販《しはん》のグッズの中には、ハムスターの飼育に向《む》かないものもあります。固《かた》まらないトイレ砂《すな》を扱っているかどうかは、1つの判《はん》断材料《だんざいりょう》になります。

種類もカラーバリエーションもいろいろあるから、お店でいろいろな子を実《じっ》際《さい》に見てみるといいよ。

元《げん》気《き》なハムスターを選《えら》ぼう

元気で健康《けんこう》が大切《たいせつ》だよね。

ハムスターと楽《たの》しく暮《く》らすためには、元気な子《こ》を迎《むか》えることが大切。元気で健康な子を選ぶため、どんなポイントをチェックすればよいのか見《み》ていきましょう。

全《ぜん》体《たい》

やせすぎていない?
体《からだ》にハゲや傷《きず》はない?
また、ほかのハムスターにいじめられていないかや、食欲《しょくよく》がきちんとありそうかなどもチェックしておきましょう。

鼻《はな》

鼻水《はなみず》が出《で》ていない?
鼻にケガはない?

目《め》

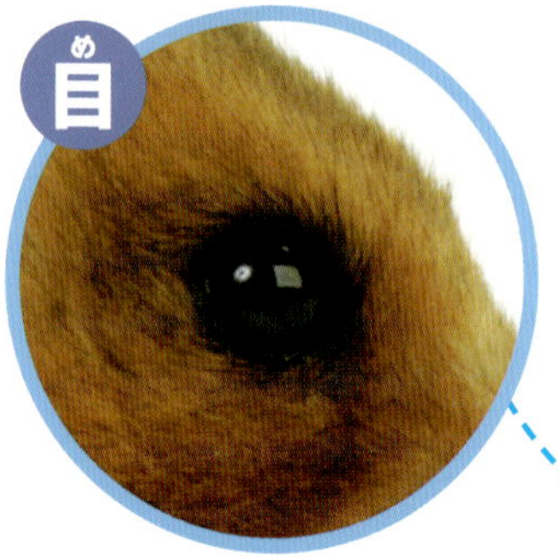

つやのある目をしている?
目やにや涙《なみだ》などで、目のまわりが汚《よご》れていない?

歯《は》

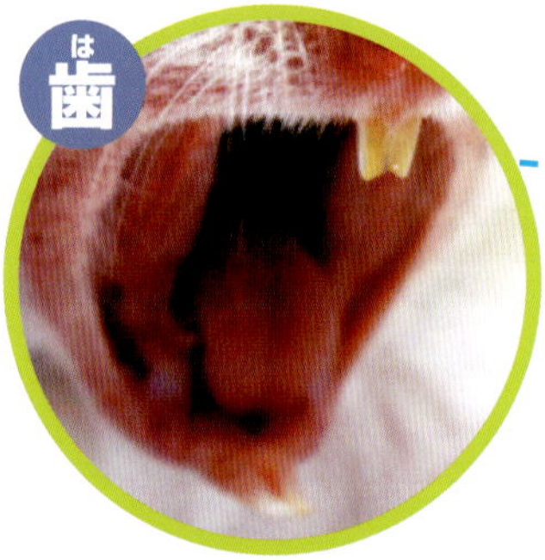

上《じょう》下《げ》の歯がきちんとかみ合《あ》っている?
折《お》れていない?
伸《の》びすぎてない?

つめ

つめは長《なが》すぎない?
足《あし》の裏《うら》のほうまで伸びすぎていない?　(写真《しゃしん》の長さが正常《せいじょう》)

耳《みみ》

耳はピンと立《た》っている？
ケガしていたり、しわしわになって折れていたりしない？

おしり

ウンチやオシッコなどはついていない？
ちゃんときれいになっている？

モデルはゴールデンハムスターノーマルタイプ

しっぽ

しっぽはぬれていない？　しっぽがぬれていると下痢《げり》をしている場合《ばあい》も。

前《まえ》足

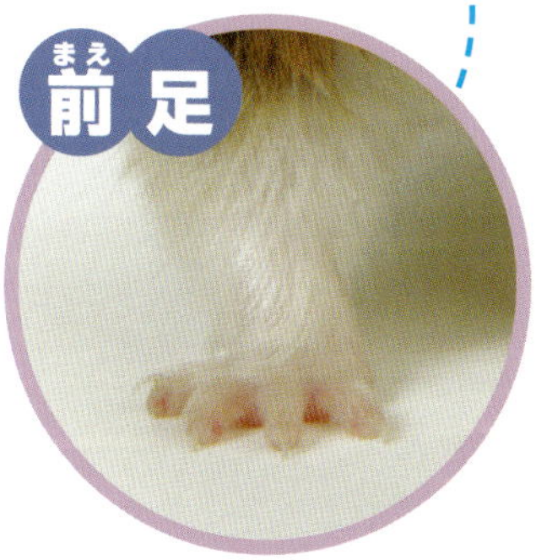

前足の指《ゆび》は４本《ほん》あるかな？

後《うし》ろ足

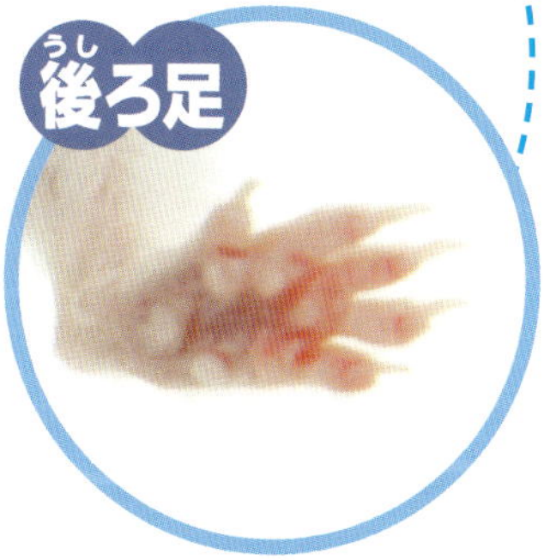

後ろ足の指は５本あるかな？

フン

こげ茶色《ちゃいろ》っぽくポロポロしたウンチかな？
ゆるいウンチをしていないかな？

あなたにぴったりのハムスターは？

きみは、どの種類《しゅるい》がいい？

種類やカラーが豊富《ほうふ》で、どれにしようか迷《まよ》うのも楽《たの》しいハムスター。見《み》た目《め》で選《えら》ぶだけではなく、それぞれの種類の性質《せいしつ》や性格《せいかく》を理解《りかい》して選ぶようにしましょう。

初《はじ》めて飼《か》う人《ひと》におすすめの種類は？

ゴールデン 22・23ページへ

ジャンガリアン 24・25ページへ

チャイニーズ 28ページへ

初めて飼うなら、人に慣《な》れやすいゴールデンハムスターやジャンガリアンハムスター、チャイニーズハムスターなどが飼育《しいく》しやすいでしょう。ゴールデンハムスターはペットとしての歴史《れきし》が一番長《いちばんなが》く、おとなしい性格で、ある程度《ていど》の大《おお》きさもあるので一緒《いっしょ》に遊《あそ》ぶことができます。ジャンガリアンやチャイニーズも温和《おんわ》でお世話《せわ》しやすい種類です。

複数《ふくすう》飼いしやすい種類は？

ジャンガリアン
24・25ページへ

キャンベル
26・27ページへ

ロボロフスキー
29ページへ

ドワーフは複数飼い可能《かのう》。おとなになってから一緒にするとうまくいかないので、子《こ》どものときから同《おな》じケージで生活《せいかつ》させて。ケンカをしたらすぐに離《はな》すこと。また、違《ちが》う種類のものを同じケージで飼ってはいけません。

繁殖《はんしょく》させやすい種類は？

ゴールデン
22・23ページへ

ジャンガリアン
24・25ページへ

キャンベル
26・27ページへ

繁殖を考《かんが》えた場合《ばあい》、適《てき》しているのは上《うえ》の3種。しかし、オス・メスを同じケージで飼うと、驚《おどろ》くほど赤《あか》ちゃんができてしまいますし、ケンカになることも多《おお》いので、ふだんは離《はな》しておきましょう。

上級者《じょうきゅうしゃ》向《む》けの種類は？

性格がきつく凶暴《きょうぼう》といわれるキャンベルハムスター。お世話に慣れた人でないと飼い慣らすのは困難《こんなん》です。

キャンベル
26・27ページへ

ロボロフスキー
29ページへ

ドワーフの中《なか》でも一番小《ちい》さく、すばしこいロボロフスキー。一緒に遊ぶより、見て楽しむ種類になります。

ハムスターカタログ1

ゴールデンハムスター

～最《もっと》もポピュラー。飼《か》いやすさNo.1～

体《からだ》が大《おお》きくておとなしい

ペットとして飼われるハムスターの中《なか》で、一番《いちばん》体が大きく、最もポピュラーな種類。おとなしい性格で、人《ひと》にもよく懐《なつ》くため、ハムスター初心者《しょしんしゃ》さんでも飼育《しいく》がしやすいでしょう。表情《ひょうじょう》も豊《ゆた》かで、一緒《いっしょ》に楽《たの》しく遊《あそ》べます。ただし、縄張《なわば》り意識《いしき》がとても強《つよ》く、同居《どうきょ》は苦手《にがて》。1匹《ぴき》で飼ってあげるようにしましょう。

データ

種《しゅ》　類《るい》	ゴールデンハムスター
サイズ	15～20㎝
出身地《しゅっしんち》	シリア、レバノン、イスラエル
性《せい》　格《かく》	温和《おんわ》
寿《じゅ》　命《みょう》	1年半《ねんはん》～2年半
飼いやすさ	★★★

※★は3つが最高《さいこう》です。

「ゴールデン」の名前《なまえ》の由来《ゆらい》は？

「ゴールデン」の名前の由来はラテン語の「金鉱《きんこう》」。ゴールデンハムスターは、出身地から別名《べつめい》「シリアンハムスター」とも呼《よ》ばれます。

♣ノーマル
一番ポピュラーなブラウン×ホワイトのノーマルタイプ。

♣キンクマ
全体的《ぜんたいてき》に肌色《はだいろ》で、耳《みみ》の裏側《うらがわ》だけ黒《くろ》い。アプリコットとも呼ばれます。

♣パイド
「パイド」は、「ぶちがある」という意味《いみ》。写真《しゃしん》の子《こ》は白《しろ》黒ぶち。

♣白（長毛《ちょうもう》）
フサフサの長毛を持《も》った子。雪《ゆき》のように真《ま》っ白です。

♣シルバー
光《ひか》りの具合《ぐあい》でシルバーに見《み》える毛《け》がきれい。

なんで「ハムスター」って呼ぶのかな？

「ハムスター」の語源《ごげん》は、「貯金《ちょきん》」「ものを蓄《たくわ》える」というドイツ語《ご》の「hamstern（ハムステルン）」から由来しているそう。

ハムスターカタログ2

ジャンガリアンハムスター

～今《いま》、ペットのハムスターで一番人気《いちばんにんき》～

背《せ》中《なか》に黒《くろ》い線《せん》が入《はい》っている

♣**ノーマル**
ジャンガリアンで一般的《いっぱんてき》なグレーと茶《ちゃ》が混《ま》じったタイプ。冬《ふゆ》になると白毛《しろげ》になる子《こ》も。

小型《こがた》のドワーフハムスターの中《なか》で一番おっとりしていて人気の種類なので、初《しょ》心者《しんしゃ》さんにもおすすめです。性格はマイペースで、人《ひと》に対《たい》してあまり警戒心《けいかいしん》がなく、比較的懐《ひかくてきなつ》きやすいため、お世話《せわ》がしやすく失敗《しっぱい》も少《すく》ないでしょう。

データ

種《しゅ》　類《るい》	ジャンガリアンハムスター
サイズ	7～10㎝
出身地《しゅっしんち》	ロシア
性《せい》　格《かく》	マイペースで優《やさ》しい
寿《じゅ》　命《みょう》	2年《ねん》～2年半《はん》
飼《か》いやすさ	★★★

※ ★は3つが最高《さいこう》です。

「ドワーフ」ってどういう意味《いみ》？

「ドワーフ（dwarf）」は「小《ちい》さな」という意味。ペットとして先《さき》に広《ひろ》まったゴールデンに対《たい》し、ジャンガリアンなどの小型ハムスターを指《さ》すときに使《つか》われます。

「ジャンガリアン」の名前《なまえ》の由来《ゆらい》は？

中国《ちゅうごく》のウイグル自治区《じちく》にあるジュンガル盆地《ぼんち》が、「ジャンガリアン」の名前の由来という説も。実際《じっさい》はシベリアに多《おお》く分布《ぶんぷ》しており、海外《かいがい》では「ロシアンハムスター」「シベリアンハムスター」と呼《よ》ぶのが妥当《だとう》とされています。

別名《べつめい》は「スノーホワイト」なの。雪《ゆき》のようにきれいでしょ？

♣イエロー
「プティング」とも呼ばれる、黄《き》色《いろ》がかった毛《け》が優しい印象《いんしょう》。

何食べているのかな？

♣サファイアブルー
青《あお》みがかった薄《うす》いグレーの毛が美《うつく》しいタイプです。

♣パールホワイト
全体《ぜんたい》が真《ま》っ白《しろ》で、背中部分《ぶぶん》に黒い線が入っているのが特徴《とくちょう》。

ハムスターカタログ3

キャンベルハムスター

～上級者《じょうきゅうしゃ》向《む》け。深《ふか》い魅力《みりょく》があるハムスター～

外見《がいけん》はジャンガリアンと似ていますが、気《き》が強《つよ》く、かむことがあります。縄張《なわば》り意識《いしき》が強いため、攻撃的《こうげきてき》になりますが、子《こ》どものころから根気《こんき》よく付《つ》き合《あ》えば、人《ひと》に慣《な》らすことも可能《かのう》です。ハムスター上級者さんでないと、飼育《しいく》は難《むずか》しいかもしれません。

♣パイド
白《しろ》×黒《くろ》のパイドタイプ。ほかのカラーのパイドタイプもいます。

データ

種類《しゅるい》	キャンベルハムスター
サイズ	8～11㎝
出身地《しゅっしんち》	モンゴル
性格《せいかく》	気が強い
寿命《じゅみょう》	1年半《ねんはん》～3年
飼《か》いやすさ	★

※ ★は3つが最高《さいこう》です。

ハトに似《に》てるかな？

▼左《ひだり》はイエロー、右《みぎ》はアグーチ（野生色《やせいしょく》＝ノーマル）と呼《よ》ばれている。

♣パープル
欧米《おうべい》での正式名《せいしきめい》は「ダヴ」。ハトの羽《はね》のような紫《むらさき》がかった毛色《けいろ》。目《め》は赤《あか》い。

大きく育《そだ》ってね！

おっぱいちょうだい

♣ノーマル
グレイの毛で、背中《せなか》の黒い線《せん》が特徴《とくちょう》。写真《しゃしん》の赤《あか》ちゃんは、生後《せいご》3日《みっか》くらい。

「ブラック」がありえるハムスターは？

「黒毛《くろげ》」は劣性遺伝子《れっせいいでんし》で、ゴールデンとキャンベルハムスターでしか、出現《しゅつげん》しないカラー。なので、「ブラックジャンガリアン」はありえません。繁殖《はんしょく》を考《かんが》えた場合には、誤《あやま》ってジャンガリアンと交尾《こうび》をさせないよう注意《ちゅうい》が必要《ひつよう》。

ハムスターカタログ4

チャイニーズハムスター

～人《ひと》によく懐《なつ》き、長《なが》いしっぽが特徴《とくちょう》～

ジャンガリアンやキャンベルハムスターと比《くら》べて、胴《どう》が長めでスリムな印象《いんしょう》。顔《かお》は少《すこ》し面《おも》長で、しっぽが長いのが特徴です。性格《せいかく》は温和《おんわ》ですが、動《うご》きははやいので、観賞用《かんしょうよう》として飼《か》うのが適《てき》しています。ウンチやオシッコのにおいが少《すく》ないです。

しっぽが長いんだよ！

♣ノーマル

黒《くろ》×茶色《ちゃいろ》の毛《け》で、背中《せなか》に黒いラインがあります。おなか側《がわ》は背中側より明《あか》るい色。

ぼくってスリムかい？

データ

種類《しゅるい》	チャイニーズハムスター
サイズ	8～12㎝
出身地《しゅっしんち》	モンゴル
性格	温和
寿命《じゅみょう》	2年《ねん》～3年
飼《か》いやすさ	★★

※★は3つが最高《さいこう》です。

「チャイニーズ」のペットとしての歴史《れきし》

現在《げんざい》は扱《あつか》っているショップが少なく、手《て》に入《はい》りにくくなってしまったチャイニーズハムスター。しかし、ジャンガリアンが日本《にほん》に入る前《まえ》は、唯一複数飼《ゆいいつふくすうが》いができるドワーフハムスターとして広《ひろ》まっていて、日本でのペット暦《れき》は意外《いがい》と長いのです。

ハムスターカタログ5

ロボロフスキーハムスター

～小《ちい》さくて、かわいらしさはNo.1！～

♣ノーマル
毛色は基本的《きほんてき》にこの薄《うす》茶色のもの一種類《いっしゅるい》のみ。

データ

種　類	ロボロフスキーハムスター
サイズ	6～8㎝
出身地	ロシア
性　格	こわがり
寿　命	2年《ねん》～3年
飼いやすさ	★★

※★は3つが最高《さいこう》です。

ドワーフ（小型《こがた》）ハムスターの中《なか》でも一番《いちばん》小さくかわいらしい種類。おくびょうな性格でちょこまかと素早《すばや》く動くので、ケージの外《そと》に出《だ》して一緒《いっしょ》に遊《あそ》んだり、手のりにしたりするのは難《むずか》しいかもしれません。鑑賞して楽《たの》しむのに適《てき》しています。ほかの種に比べ繁殖《はんしょく》させにくいでしょう。

「ロボロフスキー」の名前《なまえ》の由来《ゆらい》は？

なんとなくロシア語《ご》のような「ロボロフスキー」ですが、ロシア語であてはまる意味《いみ》の言葉《ことば》はありません。ペテルブルグ生《う》まれのロボロフスキーさんがカザフスタンあたりで発見《はっけん》したのが名前の由来とか。

ハムスター豆知識《まめちしき》 その1

ハムスターの歴史《れきし》

ハムスターが、人間《にんげん》に初《はじ》めて発見《はっけん》されたのは？

　記録《きろく》に残《のこ》っているハムスターと人《ひと》との最初《さいしょ》の出会《であ》いは、1797 年《ねん》ヨーロッパのアレクサンダー・ラッセルというお医者《いしゃ》さんが書《か》いた本《ほん》の中《なか》でのこと。ここには、ほおぶくろにエサをつめこんだハムスターの姿《すがた》を見《み》て、大変驚《たいへんおどろ》いたという記述《きじゅつ》があります。

初めてハムスターを飼《か》った人はだれ？

　1930 年、パレスチナの動物学者《どうぶつがくしゃ》アハロニ教授《きょうじゅ》は、シリアで 1 匹《ぴき》のおとなのメスと 12 匹の子《こ》どものハムスターを捕《つか》まえて持《も》ち帰《かえ》りました。アハロニ夫妻《ふさい》が育《そだ》てたハムスターは 4 匹まで減《へ》ってしまいましたが、交配《こうはい》に成功《せいこう》し、1 年で 150 匹にも増《ふ》えました。

ハムスターが日本《にほん》に紹介《しょうかい》されたのは、いつ？

　アハロニ夫妻のハムスターの子孫《しそん》がイギリスに持ち込《こ》まれて繁《はん》殖《しょく》されるようになり、一般《いっぱん》の人のペットとして売《う》られるようになりました。日本にハムスターがやってきたのは 1939 年のこと。最初は歯《は》の研究用《けんきゅうよう》にアメリカから輸入《ゆにゅう》されましたが、1970 年ごろにはペットとして広《ひろ》まるようになりました。

第《だい》2章《しょう》

ハムスターを飼《か》う準《じゅん》備《び》

ロボロフスキーハムスター

ハムスターの家《いえ》を用《よう》意《い》しよう

どんな家か
楽《たの》しみだな。

ハムスターを買《か》ってくる前《まえ》に、まずは、ハムスターが過《す》ごすお家《うち》を準備《じゅんび》しなければいけません。ケージのセッティングの基本《きほん》を理解《りかい》し、ハムスターが住《す》みやすいお家を作《つく》りましょう。

ケージは安全《あんぜん》な水槽《すいそう》タイプがおすすめ

ペットショップに行《い》くと、ハムスターのお家としてさまざまなケージが売《う》られています。おすすめなのは、ケガが少《すく》なく安心《あんしん》な水槽型のケージ。ハムスターは運動量《うんどうりょう》が多《おお》い動物《どうぶつ》なので、ケージは自由《じゆう》に動《うご》き回《まわ》れる広《ひろ》さが必要《ひつよう》です。ケージを選《えら》んだら、中《なか》に用具《ようぐ》をセッティングしていきます。34ページからの用具の説明《せつめい》を参考《さんこう》に、必要なものをそろえていきましょう。

▲衣装《いしょう》ケースをケージとして使用《しよう》し、広々としたお家を作ってあげるのもおすすめです。

Point《ポイント》 ケージの大《おお》きさの目安《めやす》

ゴールデンの場合《ばあい》

幅《はば》35cm×奥行《おくゆ》き35cm以上《いじょう》の広さがあるケージが理《り》想的《そうてき》です。高《たか》さは20cmくらいあるとよいでしょう。

ドワーフの場合 ジャンガリアンやロボロフスキーなど

1匹《ぴき》なら、幅35cm×奥行き25cm、高さ20cm。2匹ならば、幅40cm×奥行き40cm、高さ25cmくらいの広さが必要です。

必《かなら》ず買うものリスト

- ケージ
（34～35ページ）

- 床材《ゆかざい》
（36ページ）

- 巣箱《すばこ》
（37ページ）

- エサ入《い》れ
（38ページ）

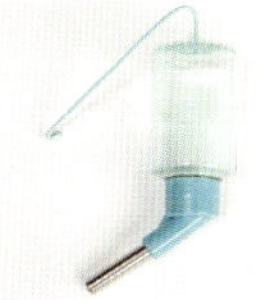

- 水《みず》飲《の》み
（39ページ）

- 回《まわ》し車《ぐるま》
（40ページ）

必要であれば買うものリスト

- トイレ
トイレ砂《すな》

ハムスターにトイレのしつけは可能《かのう》ですが、1箇所《かしょ》でするとは限《かぎ》らないので、無理《むり》に使《つか》わせないように。

- お出《で》かけ用《よう》ケージ

病院《びょういん》へ連《つ》れて行くときや、ケージの中を掃除《そうじ》するときにあると便利《べんり》です。

- ヒーター

気温《きおん》が下《さ》がりすぎるとハムスターは体調《たいちょう》を崩《くず》すので、冬場《ふゆば》の寒《さむ》い日《ひ》に使います。カイロで代用《だいよう》も可能です。

- 各種《かくしゅ》おもちゃ

回し車以外《いがい》のおもちゃは、スペースを考《かんが》えて入れましょう。おもちゃを手作《てづく》りしてもよいでしょう。

ハムは端《はし》っこが好《す》き

狭いところは かわいそう！と 我が家では
ダンボール部屋が 設置されました。
みかん
トイレットペーパーの芯
多い時には なんと 4部屋 !!
上から見た図
最初は喜んで あちこち
走りまわっていましたが……
途中から 使用するのは 2部屋くらい。
それも すみっこの ほうが
落ち着くらしいのです。
ハムの習性
ですわ～♪
必要ないなら 2部屋
片づけても いいかな？
なんせ人間は
狭いところで 生活
しているもので…

必要《ひつよう》な用具《ようぐ》をそろえよう

どんな
用具が
必要？

見《み》た目《め》のかわいらしさを重視《じゅうし》するのではなく、ハムスターにとって使《つか》いやすい飼育《しいく》用具を選《えら》ぶことが重要《じゅうよう》です。購入《こうにゅう》する際《さい》に、気《き》を付《つ》けたいことを確認《かくにん》していきましょう。

ケージ

good!
おすすめ！

▼水槽タイプのケージ。プラスチック製《せい》のもの。

ゴールデン 35㎝／ドワーフ 25㎝以上《いじょう》
20㎝以上
ゴールデン、ドワーフ共《とも》に 35㎝以上

使うときの注意点《ちゅういてん》

湿気やにおいがこもりやすいので、夏場《なつば》は特《とく》に、換《かん》気《き》に注意が必要です。汚れた箇所《かしょ》はこまめに掃除をするようにして、週《しゅう》に1回程度《かいていど》は大《おお》掃除をしましょう。

水槽型《すいそうがた》ケージ

ケガの心配《しんぱい》がない水槽型ケージが安心《あんしん》です

水槽型ケージとは、魚《さかな》を飼《か》う水槽や昆虫用《こんちゅうよう》のプラスチックケースのことをいいます。水槽タイプの良《よ》い点《てん》は、足《あし》を挟《はさ》むなどの事故《じこ》が少《すく》なく、外《がい》界《かい》からの音《おと》も抑《おさ》えられ、ハムスターが自然《しぜん》に近《ちか》い状態《じょうたい》で生活《せいかつ》できるところ。床材《ゆかざい》の飛《と》び散《ち》りなどで周囲《しゅうい》を汚《よご》すこともありません。しかし、湿気《しっけ》がこもりやすく、掃除《そうじ》には少《すこ》し手間《てま》がかかります。

ポイント Point!

風通《かぜとお》しのいいふたがあるものがよいでしょう。ガラス製でもプラスチック製でも、どちらでも OK です。十分《じゅうぶん》に運動《うんどう》ができる広《ひろ》さがあるものを選びましょう。

▼ 金網タイプのケージ。底《そこ》がプラスチックになっているもの。

金網型《かなあみがた》ケージ

金網タイプの使用《しよう》は、ケガをさせないよう十分注意

風通しがよいので夏場の利用《りよう》に適《てき》しています。掃除が簡単《かんたん》なところも便利《べんり》なのですが、ハムスターが足を挟んだり、金網をかじって歯《は》を折《お》ったりなどケガの心配があります。

使うときの注意点

足を挟まないように底の金網は外《はず》して、すのこや床材《ゆかざい》をしきます。落下《らっか》事故を防《ふせ》ぐため、天井《てんじょう》にのぼれないよう側面《そくめん》に板《いた》をはるなどの工夫《くふう》も必要。

ポイント Point

床底《ゆかぞこ》が金網になっていないものをなるべく選びましょう。金網をよじのぼって事故を起《お》こす心配もあるので、高《たか》さがあまりないものを選ぶようにしましょう。

▼ 衣装をしまうプラスチックのケース。

衣装《いしょう》ケース

衣装ケースのケージは、運動不足《ふそく》にならずに安心

水槽型ケージよりも広い衣装ケースを利用すれば、ハムスターも運動不足になりません。ただし、ふたに穴《あな》が開《あ》いていないので自分《じぶん》で作《つく》ったり穴を開けたりする必要があります。

使うときの注意点

通気《つうき》がよくなるように、ふたに空気《くうき》穴を十分に開けるようにします。また、金網を使って、ふたを手作《てづく》りするのもよいでしょう。

ポイント Point

透明《とうめい》に近《ちか》いものを選べば、中《なか》のようすを見《み》ることができて安心。30㎝×60㎝くらいの広さがあれば十分でしょう。

床《ゆか》材《ざい》

		メリット	デメリット	
牧草《ぼくそう》		食《た》べてもよいものなので、体《からだ》に害《がい》がなく安心《あんしん》。	アレルギーが出《で》る子《こ》もいるので、注意《ちゅうい》が必要《ひつよう》です。吸《きゅう》水性《すいせい》が悪《わる》く、少《すこ》し高価《こうか》。	ん〜。 カキカキ まあまあ
土《つち》		自然《しぜん》に近《ちか》い環境《かんきょう》で、穴《あな》を掘《ほ》ったりできる。	採取《さいしゅ》した土の中《なか》にはばい菌《きん》や虫《むし》がいるかもしれないので、必《かなら》ず市販《しはん》のものを。掃《そう》除《じ》をするのが大変《たいへん》。	おすすめしません
トウモロコシチップ		吸水性がよく、アレルギーを起《お》こしにくい。自然素材《そざい》なので安心性《せい》が高《たか》い。	置《お》いている店《みせ》が少《すく》なく、手《て》に入《い》れにくい。	good! おすすめ!
ウッドチップ		ポプラは割高《わりだか》だがアレルギーが出にくい。	パインなどの針葉樹《しんようじゅ》や安《やす》いものや加熱処理《かねつしょり》をしていないものはアレルギーや中毒《ちゅうどく》が出やすいのでおすすめできません。	おすすめしません
紙《かみ》		紙は口《くち》に入《はい》っても安全《あんぜん》。新《しん》聞《ぶん》紙《し》やティッシュなど家《いえ》にあるもので代用《だいよう》も可能《かのう》で、気軽《きがる》に使《つか》えるのもうれしい。	ビニールの混《ま》じったものは使用《しよう》しないで。白《しろ》い毛《け》の子は、新聞紙のインクで汚《よご》れてしまうかも。	good! おすすめ!
わら		牧草と同《おな》じで、食べても安心。加熱処理されているものがおすすめです。	防腐《ぼうふ》処理をしたものは皮膚《ひふ》を刺激《しげき》してしまいます。また、カビていると体に悪く、汚れがわかりにくいなどの難点《なんてん》も。	ん〜。 カキカキ まあまあ

巣《す》箱《ばこ》

▲ 木製の巣箱。角にぴったり置けるタイプ。

かじっても安心な 木製《もくせい》の巣箱がおすすめ

巣穴の代《か》わりに隠《かく》れられる巣箱を入《い》れてあげると、ハムスターは落《お》ち着《つ》きます。天井《てんじょう》や底《そこ》が外《はず》せるものだと掃除《そうじ》がしやすくて便利《べんり》。ティッシュの空《あ》き箱《ばこ》などで手作《てづく》りしても OK です。

使《つか》うときの注意点《てん》

巣箱の屋根《やね》の高さが、ケージの高さに近《ちか》い場合《ばあい》、ハムスターが巣箱にのぼって脱走《だっそう》してしまうことがあるので注意が必要。ハムスターが外《そと》に出《で》てしまえそうな高さなら、ケージの壁《かべ》から巣箱を離《はな》して設置《せっち》するようにしましょう。

ポイント Point! こんな使い方《かた》もおすすめ

巣箱の底の部分《ぶぶん》を外して、床材の上《うえ》にそのまま置くようにすると、掃除が簡単《かんたん》。巣箱をどかして、汚れた床材を交換《こうかん》するだけで済《す》みます。また、ティッシュの箱やトイレットペーパーのしんなどで代用すれば、かじっても安心ですし、汚れたら捨《す》てて新《あたら》しいものと入《い》れ替《か》えるだけでよいので便利です。

エサ入《い》れ

飛《と》び散《ち》りを防《ふせ》ぐフードがついている。
▲ 陶器製のエサ入れ

エサ入れは清潔第一《せいけつだいいち》。毎日洗《まいにちあら》って使《つか》いましょう

簡単《かんたん》にひっくりかえらないように、安定《あんてい》感《かん》があるものを選《えら》びましょう。口《くち》が広《ひろ》く平《ひら》たい容器《ようき》なら、ハムスターも食《た》べやすいです。また、ハムスターがかじらないように、陶器製《とうきせい》のものがおすすめです。

使うときの注意点《ちゅういてん》

エサ入れを衛生的《えいせいてき》に保《たも》つために、エサをあげる前《まえ》に、毎回《まいかい》簡単に洗うようにしましょう。

ポイント Point! エサ入れを清潔に使う方法《ほうほう》

エサ入れを2つ用意《ようい》して、毎日交互《こうご》に使うようにすれば、使っていないほうを洗っておくことができ、清潔に保てます。ビンのふたなどでも代用《だいよう》が可能《かのう》なので、エサ入れの交互使いに取《と》り入れてみるのもよいでしょう。

FOOD
1回休み
交互に使う
ガリ
がり
FOOD

水《みず》飲《の》み

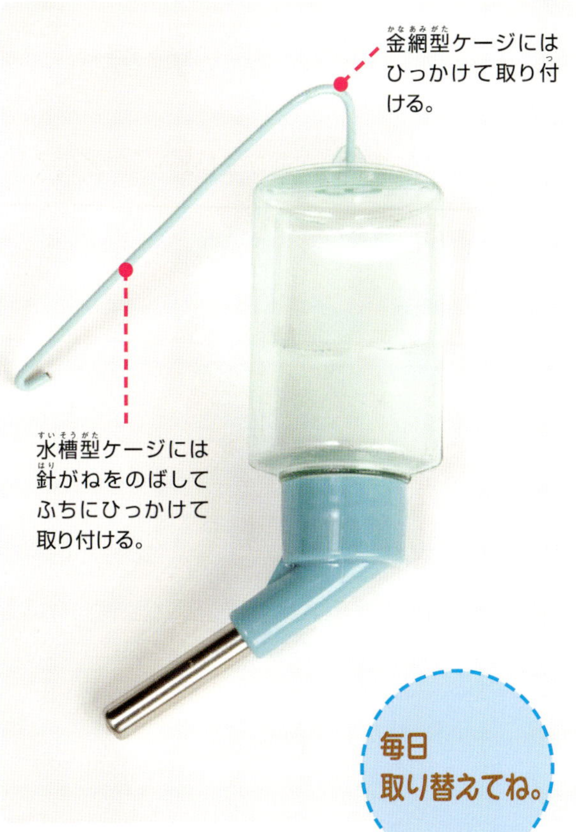

金網型《かなあみがた》ケージにはひっかけて取り付《つ》ける。
水槽型《すいそうがた》ケージには針《はり》がねをのばしてふちにひっかけて取り付ける。

▲水飲みボトル

毎日
取り替えてね。

床置《ゆかお》きはNG！ 給水《きゅうすい》ボトルを使いましょう

水飲みは、ハムスターが飲みたい分《ぶん》だけ水が出《で》てくる、給水ボトルタイプを選ぶようにしましょう。床に置くタイプの容器は、水を衛生的に保てないので使用《しよう》しないでください。

使うときの注意点

ハムスターが立《た》ち上《あ》がって、水を飲めるくらいの高《たか》さに取り付けてください。ボトルの水は毎日取り替《か》えるようにして、そのときに、給水ボトルも毎日洗うようにしましょう。

チャッ
チャッ
チャッ

×NG《エヌ ジー》 水飲み容器を床に置いてはいけない理由《りゆう》

水飲みの容器を直接《ちょくせつ》床に置いておくと、こぼして床をぬらしたり、中《なか》に入《はい》って体《からだ》をぬらしてしまったりします。ハムスターは水にぬれることを嫌《きら》いますので、体や床がぬれていると不快《ふかい》な思《おも》いをします。また、ハムスターが入ったり、床材《ゆかざい》が浮《う》いていたりする水は、衛生的ではありません。そのような水を飲んで、ハムスターが病気《びょうき》になってしまうこともありますので、水飲みの容器は床に置かないようにしましょう。

回《まわ》し車《ぐるま》

▲ ドワーフ用《よう》の回し車。すき間がなく安心《あんしん》。

運動《うんどう》不足《ふそく》の解消《かいしょう》に、回し車を入《い》れてあげて

すき間《ま》がある回し車だと、足《あし》を挟《はさ》んで骨折《こっせつ》してしまうことがあります。すき間のないタイプを選《えら》びましょう。体《からだ》の大《おお》きさに合《あ》っていないとうまく回せないので、ゴールデンタイプ・ドワーフタイプそれぞれに合うものを選んで。

使《つか》うときの注意点《ちゅういてん》

はしご状《じょう》のすき間のある回し車は、すき間に足を挟んでしまい、ケガをしてしまう危険《きけん》があります。厚紙《あつがみ》などを回し車の外側《そとがわ》にはり付《つ》けて、すき間をふさいでから使用《しよう》するようにしましょう。

知《し》っておこう！ ハムスターは、なぜ回し車が好《す》きなのか？

ハムスターの運動不足解消に欠《か》かせない回し車。ハムスターは、回し車で夜《よ》中《なか》に何《なん》kmも走《はし》ります。これは野生時代《やせいじだい》の名残《なご》りで、ハムスター自身《じしん》はエサを探《さが》して縄張《なわば》りを走り回っているつもりなのだそう。その証拠《しょうこ》に、回し車で走るハムスターをよく見《み》ていると、時《とき》おり立《た》ち止《ど》まり、確認《かくにん》するようにまわりをキョロキョロとする動作《どうさ》をします。

トイレとトイレ砂《すな》

中《なか》に入《い》れる。

▲ ハムスターの形《かたち》をしたトイレ。

▲ 専用《せんよう》の砂。

使うときの注意点

トイレ砂は、近所《きんじょ》にある砂を採取《さいしゅ》して使用するとばい菌《きん》があったりするので、必ず市販《しはん》のものを使うようにしましょう。その際《さい》、固《かた》まるタイプの砂は、危険なので使用しないでください。

野生時代のぼくらは、巣穴《すあな》の中の１つをトイレとして使っていたんだ。だからオシッコは決まった場所《ばしょ》にするけれど、ほかの場所ですることだってある。トイレをしつけるなら気《き》長《なが》に見てほしいな。

（トイレのしつけについては、110・111 ページ）

トイレはなくてもOK 無理《むり》に使わせるのはNG

ハムスターは決《き》まったところにオシッコをする動物《どうぶつ》で、トイレのしつけは可能《かのう》ですが、必《かなら》ず1箇所《かしょ》でするとも限《かぎ》らず、トイレ以外《いがい》でオシッコをすることも。無理にしつけようとしないで。ちなみにウンチはどこにでもします。

×NG《エヌ ジー》 固まるタイプのトイレ砂は絶対《ぜったい》にNG

市販のトイレ砂には、ぬれると固まるタイプのものもあります。一見《いっけん》オシッコを固めてにおいを吸収《きゅうしゅう》し衛生的《えいせいてき》に感《かん》じますが、オシッコをしたときにハムスターの体にくっついて固まってしまうことも。また、ハムスターは砂を食《た》べてしまうことがあるので、おなかの中で固まってしまうとさらに危険。決《けっ》して使用しないでください。

イヤーン!!
くっついたあー!!
TOILET

遊《あそ》び道《どう》具《ぐ》

砂《すな》

身《み》を清《きよ》める砂は、市販《しはん》の衛生的《えいせいてき》なものを

ハムスターは、砂で体《からだ》を清める砂浴《あ》びをします。ハムスターが中《なか》に入《はい》って遊べる大《おお》きさの容器《ようき》に、掘《ほ》ったりもぐったりできるくらいの深《ふか》さまで十分《じゅうぶん》に専用《せんよう》の砂を入《い》れてあげましょう。砂浴びに使《つか》う砂は必《かなら》ず、市販のものを使用《しよう》してください。

使うときの注意点《ちゅういてん》

ケージの中に浴び砂を入れっぱなしにしておくと、トイレとして使ってしまう場合《ばあい》があり、衛《えい》生的《せいてき》によくありません。ある程度《ていど》の時間《じかん》がたったら、取《と》り出《だ》すようにしましょう。

トイレットペーパーのしん

安《やす》くて安心《あんしん》！　優良《ゆうりょう》な遊び道具

ハムスターは狭《せま》いところが大好《だいす》き。トイレットペーパーのしんは野生時代《やせいじだい》の巣穴《すあな》のトンネルを思《おも》い起《お》こさせる格好《こう》の遊び道具。距離《きょり》が短《みじか》いところも安心ですし、汚《よご》れたら捨《す》てて新《あたら》しいものに替《か》えることができるのも便利《べんり》です。

使うときの注意点

かじっても紙製《かみせい》なので安心ですし、特《とく》に注意点はありません。中からハムスターが落《お》ちたら危険《きけん》なので、ハムスターが入っているときに、持《も》ち上《あ》げないように注意しましょう。

ハムスターボール

透明《とうめい》なボールの中に入って、くるくる回《まわ》ってお散歩《さんぽ》します。

ハムスターがボールに入っているときは目《め》を離《はな》さないで。小《ちい》さい子《こ》どもが投《な》げて遊んだりしないよう注意。中でオシッコをしてしまう子もいるので、適当《てきとう》な時間で外《そと》に出してあげてください。お掃除《そうじ》も忘《わす》れずに。

かじり木《ぎ》

ハムスターの歯《は》の伸《の》びすぎを防《ふせ》いだり、ストレス解消《かいしょう》に。入れっぱなしにしておくと、とがったりとげができたりするので、定期的《ていきてき》に削《けず》ってとげのケアをするようにしましょう。

かじり木
木の枝
カマボコ板

その他《た》のおもちゃ

HAM すべり台 HAM

木製やプラスチック製の遊具《ゆうぐ》

木製《もくせい》のおもちゃは汚れがこびりつくので定期的にケアを。選《えら》ぶときにはニスや着色《ちゃくしょく》がないものがよいでしょう。プラスチック製のおもちゃは手入《てい》れが簡単《かんたん》ですが、かじって色《いろ》がはげるようなものは避《さ》けて。

人騒《ひとさわ》がせな遊び方《かた》

ある日 まわし車の ウラがわで…
べちゃ〜
キャ〜ッ
ハムゴローが
はさまってる〜!!
すきま
約1cm
あわてて ケージを 分解
それなのに 又…
ひゃ〜っ
また〜っっ
ぺちゃ〜
…と思いきや…
するする
実はわざと
はさまって
遊んで
いたのでした.

ケージ内《ない》のセッティングをしよう

住《す》みやすい
部屋《へや》にしてね♪

飼育用具《しいくようぐ》がそろったら、いよいよケージにセッティングしましょう。ハムスターのためにとあれこれ買《か》いすぎて、ごちゃごちゃした部屋にしないように。

巣箱《すばこ》

ケージの隅《すみ》に、倒《たお》れないように設置《せっち》。屋根《やね》によじのぼっても、ハムスターが外《そと》に出《で》られないかどうかも確認《かくにん》。

水飲《みずの》み

ハムスターが立《た》ち上《あ》がって顔《かお》を上げた高《たか》さに。楽《らく》に飲める位置《いち》になるよう、調整《ちょうせい》しながら取り付《つ》けます。

回《まわ》し車《ぐるま》

ケージが十分《じゅうぶん》に広《ひろ》くても、必《かなら》ず設置してあげましょう。回したときに障害《しょうがい》がない位置に取り付けて。

エサ入《い》れ

ひっくりかえらない場所《ばしょ》に置《お》きます。ケージに取り付けるタイプもおすすめです。

これくらい余裕《よゆう》をもって、用具を設置したお部屋だと住みやすそうだね。動《うご》き回るスペースと隠《かく》れる場所、両《りょう》方《ほう》あってうれしいな。

床材《ゆかざい》

ハムスターが隠れたり、巣《す》材《ざい》に使用《しよう》したりできるくらいたっぷりとしきます。

金網型《かなあみがた》のケージのセッティング

床《ゆか》は、足《あし》を挟《はさ》んでケガをしないように、底網《そこあみ》を取り除《のぞ》きましょう。

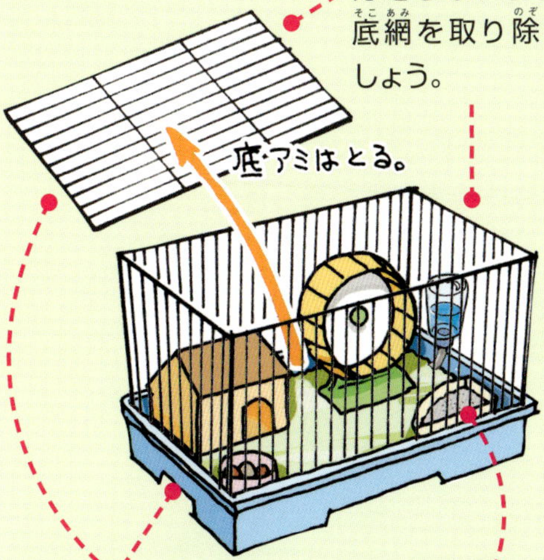

高さがあるリス用《よう》ケージは落下《らっか》の危険《きけん》があるので使《つか》わないで。20㎝以下《いか》の高さがよいでしょう。

ケージをかじったりよじのぼったりしないよう、必要《ひつよう》ならアクリル板《ばん》などをはり付けて。

衣装《いしょう》ケースのセッティング

ふたに空気穴《くうきあな》を開《あ》けるか、バーベキュー用《よう》の金網などを利用《りよう》してふたを手作《てづく》りします。

給水《きゅうすい》ボトルを取り付けるために穴を開けます。回し車はあしがついたものを選べば、壁《かべ》に穴を開けずに設置可能《かのう》。

NG《エヌ ジー》 こんな家《いえ》はNG

はりきっていろいろな用具を買いそろえ、それを全部《ぜんぶ》設置してしまってはいませんか？　飼育用具やおもちゃが多《おお》すぎると、ハムスターにとっては動きづらく、飼《か》い主《ぬし》にとっては掃除《そうじ》がしづらく、よい家とはいえません。ハムスターが快適《かいてき》に過《す》ごすため、動き回れる適度《てきど》なスペースが必要です。また、巣材として綿《わた》を入《い》れてはいけません。飲《の》み込《こ》むと腸閉塞《ちょうへいそく》を起《お》こします。

おもちゃや飼育用具が多すぎて、動きにくい家。

ケージを置《お》く場所《ばしょ》を考《かんが》えよう

ケージを置く場所も大切《たいせつ》！

ハムスターのケージの置き場所を考えるのも大切なことです。ハムスターが落《お》ち着《つ》いて過《す》ごせるように、人《ひと》の出入《でい》りが少《すく》ない静《しず》かな場所に置いてあげるようにしましょう。

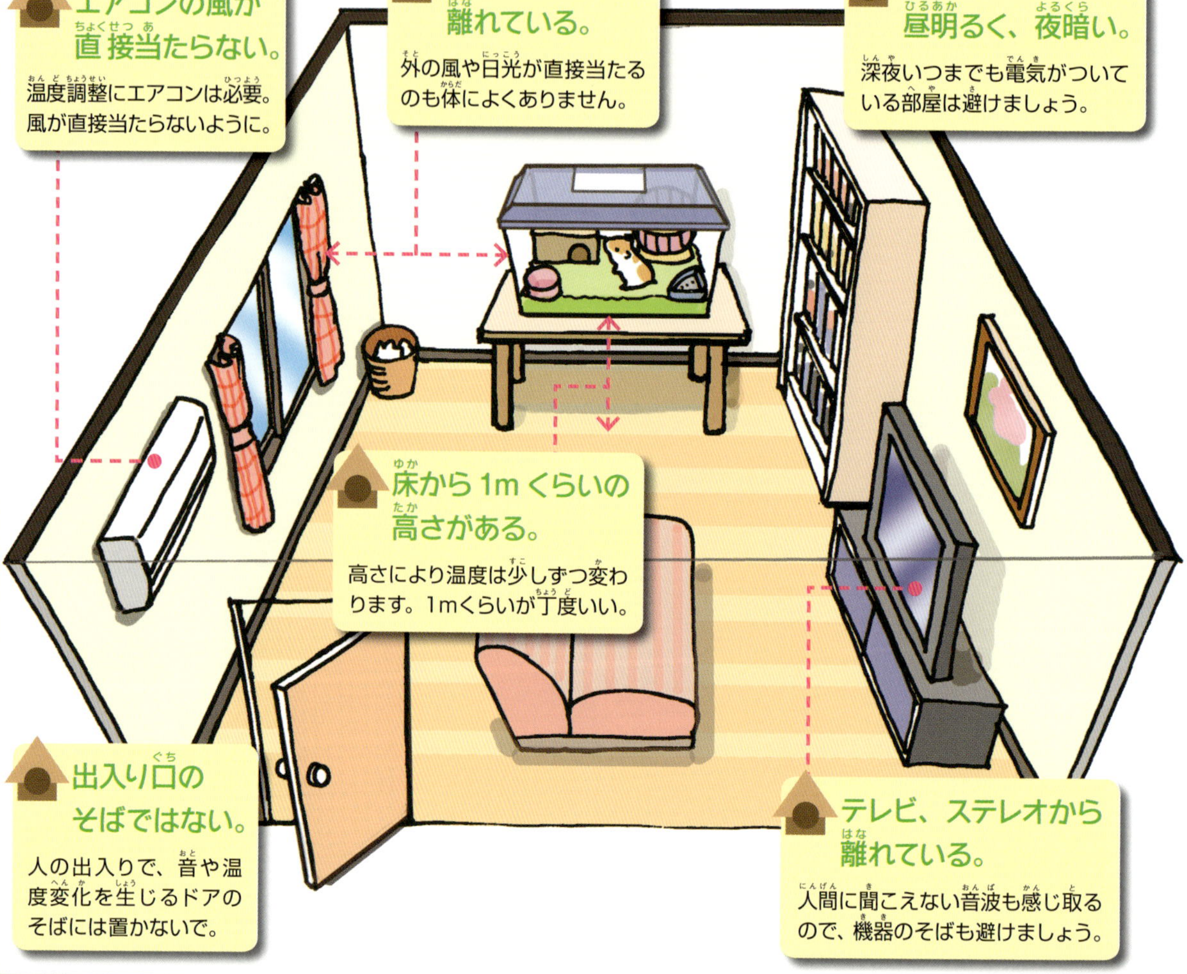

エアコンの風《かぜ》が直接《ちょくせつ》当《あ》たらない。

温度調整《おんどちょうせい》にエアコンは必要《ひつよう》。風が直接当たらないように。

窓《まど》から1m以上《いじょう》離《はな》れている。

外《そと》の風や日光《にっこう》が直接当たるのも体《からだ》によくありません。

風通《とお》しがよく昼明《ひるあか》るく、夜暗《よるくら》い。

深夜《しんや》いつまでも電気《でんき》がついている部屋《へや》は避けましょう。

床《ゆか》から1mくらいの高《たか》さがある。

高さにより温度は少《すこ》しずつ変《か》わります。1mくらいが丁度《ちょうど》いい。

出入り口《ぐち》のそばではない。

人の出入りで、音《おと》や温度変化《へんか》を生《しょう》じるドアのそばには置かないで。

テレビ、ステレオから離《はな》れている。

人間《にんげん》に聞《き》こえない音波《おんぱ》も感《かん》じ取《と》るので、機器《きき》のそばも避けましょう。

ハムスターが心地《ここち》よく暮《く》らすためにチェックすること

日光《にっこう》

ハムスターは強《つよ》い光《ひかり》が苦手《にがて》。直射《ちょくしゃ》日光を避け、窓のすぐそばには置かないように。必要《ひつよう》ならカーテンなどをひいてあげましょう。

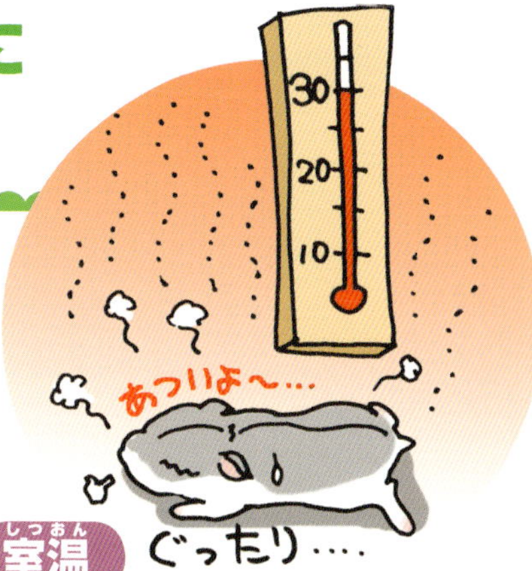

室温《しつおん》

ハムスターの適温《てきおん》は20～28℃。暑《あつ》いのも寒《さむ》いのも苦手なので、エアコンなどで室温を調《ちょう》整《せい》できる部屋に置きましょう。

騒音《そうおん》

騒《さわ》がしいのが苦手なハムスター。テレビやラジオがうるさくない静《しず》かな部屋に置いてあげましょう。人が大勢《おおぜい》集《あつ》まる部屋も避けて。

照明《しょうめい》

昼間は明るく夜は暗い環境《かんきょう》が適《てき》しています。深夜を過ぎてもこうこうと電気がついていると、ハムスターの体調《たいちょう》が狂《くる》ってしまいます。

風

風通しのよい部屋がおすすめですが、窓を開《あ》け放《はな》してじかに外の風にさらすのはNGです。エアコンの風も直接あたらないように工夫《くふう》を。

ハムスターのお家《うち》拝《はい》見《けん》!

ステキなお家だね!

ハムスターの飼《か》い主《ぬし》さんに、ハムスターのお部屋《へや》を見《み》せていただきました。それぞれのお宅《たく》によって工夫《くふう》している点《てん》が見られますね。

沖縄県《おきなわけん》 ゆるさくさんちの 小梅《こうめ》ちゃん・黍《きび》くんの おうち

一部《いちぶ》が金網《かなあみ》になっているタイプのケージ。

紙の床材を使用《しよう》。

紙製《かみせい》の床材《ゆかざい》はアレルギーが少《すく》ないけんね。

小梅ちゃん ♀

ジャンガリアン・ノーマル。乾燥《かんそう》いちご好《ず》き。

大理石《だいりせき》のプレートは夏場《なつば》はひんやりして good!

黍くん ♂

ロボロフスキー。トイレの中《なか》が大好《だいす》き。

虫《むし》よけ効果《こうか》のあるアロマオイルでケージを掃除《そうじ》してもらってますよ。

愛知県《あいちけん》　くるみさんちの
パールくん・シャーリー姫《ひめ》ちゃんのおうち

パールくん ♂　ジャンガリアン・パールホワイト。ミルワーム好き。

ティッシュをアレンジして寝床《ねどこ》を作《つく》っているよ。

衣装《いしょう》ケース（中型《ちゅうがた》）を利用《りよう》したケージ。

ペットシーツ

巣材《すざい》としてちぎったティッシュが入《はい》っている。

ハムスターのケージはラックにきちんと並《なら》んでいます。これなら場所《ばしょ》をとりませんね。

里子《さとご》でこの家《いえ》にやってきましたの。たくさん遊《あそ》んでもらって幸《しあわ》せですわ。

シャーリー姫ちゃん ♀

ゴールデン・キンクマ。やんちゃでお上品《じょうひん》な姫気質《きしつ》。

さらに大《おお》きめの衣装ケースを利用。広々《ひろびろ》したケージ。

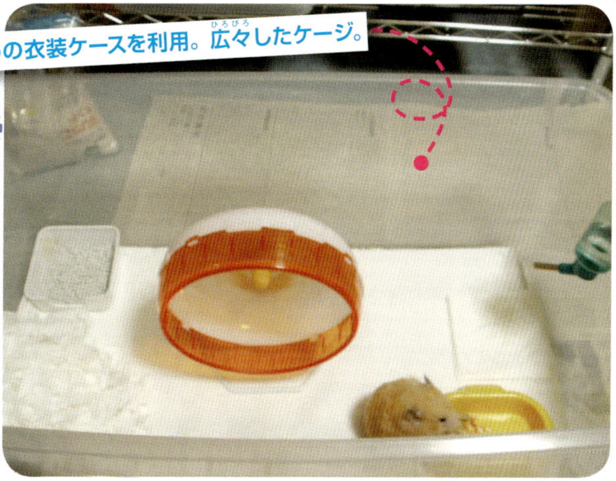

ハムスター豆知識《まめちしき》その2

ハムスターの性質《せいしつ》

ハムスターは夜行性《やこうせい》

ハムスターは夜《よる》、活発《かっぱつ》になる動物《どうぶつ》。野生《やせい》のハムスターは日《ひ》が暮《く》れてから、エサを求《もと》めて地上《ちじょう》に出《で》て、一晩《ひとばん》に 2、30㎞も走《はし》り回《まわ》るそう。そして、昼間《ひるま》は巣穴《すあな》で眠《ねむ》って過《す》ごします。

ハムスターはトンネルが好《す》き

ハムスターは野生では、地中《ちちゅう》にトンネルを掘《ほ》って暮らしていました。巣穴をつなぐこのトンネルは意外《いがい》に狭《せま》く、狭いすき間《ま》に体《からだ》を挟《はさ》まれるとハムスターは安心《あんしん》するようです。

ハムスターは縄張《なわば》りをハッキリさせたい

ハムスターは縄張り意識《いしき》が強《つよ》い動物。ドワーフハムスターはオスとメスが一緒《いっしょ》に暮らしますが、ゴールデンハムスターは繁殖期《はんしょくき》以外《いがい》は単独《たんどく》で生《せい》活《かつ》。巣穴も1匹《ぴき》で使《つか》います。

ハムスターはエサをためる

ハムスターの巣穴には食糧《しょくりょう》をためておく部屋《へや》もあります。今《いま》でも、巣箱《すばこ》にエサを隠《かく》すのは、砂漠《さばく》や乾燥地帯《かんそうちたい》など食《た》べ物《もの》が豊富《ほうふ》にない地域《ちいき》で暮らしていた野生時代《じだい》の名残《なごり》なのです。

ハムスターはよく眠《ねむ》る

夜、活発に動《うご》き回るため、昼間は眠って体力《たいりょく》を回復《かいふく》させます。1日平均《にちへいきん》 14 時間《じかん》は眠ります。ずっと寝《ね》ているからといって具合《ぐあい》が悪《わる》いわけではないので、そっとしておいてあげましょう。

第《だい》3章《しょう》

ハムスターのお世話《せわ》

ゴールデンハムスター

ハムスターのお世《せ》話《わ》の心《こころ》構《がま》え

人《ひと》に飼《か》われているペットの生活《せいかつ》は、人のお世話なくしては成《な》り立《た》ちません。大切《たいせつ》な家族《かぞく》の一《いち》員《いん》となったハムスターが毎日健康《まいにちけんこう》に過《す》ごせるよう、しっかりお世話をしてあげましょう。

毎日のお世話がハムスターの健康を守ります

ハムスターの病気には治療《ちりょう》が難《むずか》しいものが多《おお》くあります。そのため、病気にならないことがまずは大切です。ハムスターの病気を防《ふせ》ぐには、衛生的《えいせいてき》で掃除《そうじ》が行《い》き届《とど》いたケージと栄養《えいよう》バランスがとれた食事《しょくじ》、そして適度《てきど》な運動《うんどう》が必要《ひつよう》。つまり、毎日の基本的《きほんてき》なお世話がハムスターの病気の予防策《よぼうさく》になるのです。

ハムスターの気持《きも》ちになってお世話をすることが大切

いくらかわいいからといって構《かま》いすぎてしまうと、ハムスターはストレスを感《かん》じてしまいます。ハムスターに長生《ながい》きしてもらうためには、ハムスターの苦手《にがて》なことや無理《むり》をさせないことが大切。そのためにも、ハムスターの特性《とくせい》や気持ちを理解《りかい》して、適切《てきせつ》なお世話ができるようにしましょう。

ハムスターのキモチ 1

人間《にんげん》って大《おお》きいなあ

人間の大きさはハムスターの約《やく》10 ～ 20 倍《ばい》。そんな人間に、急《きゅう》につかまれたりするのは大変怖《たいへんこわ》いこと。また、少《すこ》しのつもりであげた食《た》べ物《もの》も、ハムスターにとっては大盛《おおも》りということもあります。

ハムスターのキモチ 2

朝《あさ》、昼《ひる》はゆっくり眠《ねむ》らせてね

ハムスターは夜行性《やこうせい》の動物《どうぶつ》で、昼間《ひるま》は眠って体力《たいりょく》を蓄《たくわ》えます。一緒《いっしょ》に遊《あそ》びたいからといって、朝や昼に起《お》こすのはかわいそうなのでやめましょう。また、お世話をする時間《じかん》は夜《よる》が適《てき》しています。

ハムスターのキモチ 3

縄張《なわば》りは毎日点検《てんけん》したいんだ

ケージの外《そと》を散歩《さんぽ》させると、ハムスターはその散歩コースまで縄張りとして覚《おぼ》えます。一度《いちど》ケージの外を散歩させたらなるべく毎日外に出《だ》して、縄張り点検をさせてあげるようにしましょう。

ハムスターのキモチ 4

ほかの子《こ》と一緒は苦手だよ

縄張り意識《いしき》が強《つよ》いハムスターは、ほかのハムスターが同《おな》じケージにいると、自分《じぶん》の縄張りを荒《あ》らされているようで落《お》ち着《つ》きません。基本的《きほんてき》には、1つのケージに1匹《ぴき》ずつ飼うようにしましょう。

ハムスターのキモチ 5

弱《よわ》ってることを知《し》られたくない

被捕食《ひほしょく》動物だったハムスターは、ほかの動物に狙《ねら》われないように、体《からだ》が弱っていることを隠《かく》そうとします。そのため、飼い主《ぬし》さんでも病気やケガに気《き》が付《つ》きにくいので注意《ちゅうい》しましょう。

清《きよ》めのお塩《しお》……いえ、お砂《すな》

実は ハムは 撫でられることが 苦手です.
かわいい〜
うう…
がまん
がまん
かわいがってもらえるのは ありがたいけれど…
こぼくちゃ〜ん
もう少しの
しんぼうや…
すりすり
解放された あかつきには…
まず 砂で 身を 清めます.
ふ〜っ
ゴロン
ゴロン
清めのお塩
:
ならず
清めの
お砂
何も そこまで せんでも…
ひたすら
お清め
ちょっと
傷つく
飼い主

はじめの1週間《しゅうかん》の過《す》ごさせ方《かた》

慣《な》れない部屋《へや》は
どきどき
しちゃうよ。

早《はや》く仲《なか》よくなりたい気持《きも》ちはわかりますが、まずは、ハムスターに新《あたら》しいお家《うち》に慣れてもらうことが大切《たいせつ》です。焦《あせ》らずに、最低《さいてい》1週間はそっとしておいてあげましょう。

じっくり時間《じかん》をかけて仲よくなろう

新しい家《いえ》へ来《き》たばかりのハムスターはとても緊張《きんちょう》しています。今《いま》まで、ペットショップなどで大勢《おおぜい》で暮《く》らしていたのに急《きゅう》に独《ひと》りぼっちになり、さみしさは感《かん》じませんが、不安《ふあん》でいっぱい。このときに無理《むり》に触《さわ》ろうとすると、ハムスターは極度《きょくど》のストレスで弱《よわ》ってしまうこともあります。ゆっくり時間をかけて、新しい環境《かんきょう》に慣らすようにしましょう。

ポイント Point ハムスターを迎《むか》えるのに最適《さいてき》な季節《きせつ》は？

ハムスターは暑《あつ》いのも寒《さむ》いのも苦手《にがて》です。そのため、完全《かんぜん》に元気《げんき》なハムスターを見《み》ることができる季節は春《はる》と秋《あき》。けれども、最近《さいきん》はエアコンなどで1年中《ねんじゅう》温度《おんど》を管理《かんり》できるので、時期《じき》をそれほど気《き》にする必要《ひつよう》はなさそう。一定《いってい》の室温《しつおん》と静かな環境を用意《ようい》して迎えてあげましょう。

1日目《にちめ》

まずはそっと見守《みまも》って

人《ひと》の出入《でい》りが少《すく》なく静《しず》かな部屋で過ごさせます。室温を一定に保《たも》ち、エサをあげたら、あとはなるべく構《かま》わないようにして。落《お》ち着《つ》かないようなら、ケージに布《ぬの》などをかぶせてあげるとよいでしょう。

2日〜3日目

驚《おどろ》かせないようにお世話《せわ》を

ハムスターが起《お》きている時間に食《た》べ残《のこ》したエサを取《と》り除《のぞ》き、新しいエサをあげるようにしましょう。ハムスターはこわがりで慎重《しんちょう》な性格《せいかく》。寝《ね》ているときに手《て》を入れて、驚かせてしまわないように注意《ちゅうい》。ハムスターがやっとケージに慣れてきたところなので、お世話が済《す》んだらなるべくすぐに引《ひ》き上《あ》げるようにしましょう。

この人は、いつもボクにおいしいものをくれる人だ。安心《あんしん》して大丈夫《だいじょうぶ》な相手《あいて》かな？

4日〜6日目

エサを使《つか》って手のにおいを覚《おぼ》えさせます

新しい環境に慣れ始《はじ》めて、ケージの外《そと》の世界《せかい》にも少《すこ》しずつ興味《きょうみ》を持《も》つようになります。ケージの外から手を入れて、エサをあげてみましょう。こうして、あなたのにおいを覚えさせます。近寄《ちかよ》ってきて興味を示《しめ》すようなら、何度《なんど》かエサを手渡《てわた》ししてみましょう。

7日〜10日目

慣れたら優《やさ》しくなでてみて

あなたの手に慣れてきたようなら、そっと頭《あたま》に触ってみましょう。逃《に》げないようならば、頭から背中《せなか》へと毛並《けな》みにそってなでてみます。さらに慣れてきたら、手のひらにものせてみましょう。つめを立《た》てたり、いやがって逃《に》げたりしても怒《おこ》って怖《こわ》がらせないようにしましょう。

知《し》っておこう！

ハムスターを迎えるのに最適な時間は？

ハムスターを迎える時間は、夕方以降《ゆうがたいこう》がベストでしょう。昼間《ひるま》ハムスターを見ても、ほとんどの子《こ》が眠《ねむ》っていますので、元気《げんき》な子なのか、どこか体《からだ》の具合《ぐあい》が悪《わる》いところがないか確認《かくにん》することができません。夕方になって目《め》が覚《さ》めている状態《じょうたい》で、家に迎えるようにすれば、健康《けんこう》状態をきちんと確認することができます。

ザザー…
……。

毎日《まいにち》規則《きそく》正《ただ》しくお世話《せわ》をしよう

毎日決《き》まった
時間《じかん》に
お世話して
くれると
うれしいな。

人間《にんげん》もハムスターも、健康《けんこう》の基本《きほん》は毎日規則正しい生活《せいかつ》を送《おく》ること。人間の都合《つごう》に合《あ》わせるのではなく、ハムスターが生活しやすいリズムを毎日のお世話で作《つく》ってあげましょう。

ハムスターの１日《にち》のサイクルをつかもう

	朝《あさ》 午前《ごぜん》6：00ごろ	昼《ひる》 午後《ごご》12：00ごろ	夕方《ゆうがた》 午後6：00ごろ	夜《よる》 午後10：00ごろ
ハムスター	寝始《ねはじ》める。  	ときどき起きて動《うご》いたり、少《すこ》しエサを食べたりする。けれども、ほとんど寝ている。	起き出《だ》す。 エサを食べる。 ハムスターのお世話をする。昨日《きのう》あげたエサの食べ残《のこ》しがあれば、片付《かたづ》ける。新《あたら》しいエサをあげて、水《みず》を換《か》えてあげる。  	人間が寝た後《あと》も、起きて活発《かっぱつ》に動き回《まわ》る。回し車《ぐるま》で走《はし》ったりエサを食べたりする。夜中《よなか》の間中《あいだじゅう》ずっと起きているわけではなく、途中《とちゅう》で眠《ねむ》ることもある。
人間《にんげん》	起《お》きて朝ごはんを食《た》べる。 	学校《がっこう》や仕事《しごと》へ。 	汚《よご》れた床材《ゆかざい》や巣箱《すばこ》などを簡単《かんたん》に掃除《そうじ》する。一緒《いっしょ》に遊《あそ》んであげたり、健康チェックを行《おこな》う。	寝る。 夜間《やかん》は部屋《へや》を暗《くら》くしておくこと。 

必《かなら》ず毎日、同《おな》じ時間にお世話をしよう

ハムスターを健康に過《す》ごさせるためにも、毎日のお世話は時間を決めて行うようにしましょう。決まった時間にお世話をすれば、時間になっても起きてこないなど、ハムスターの体調《たいちょう》の変化《へんか》にも気《き》付《づ》きやすくなります。夕方に目《め》を覚《さ》まし、エサを食べたり遊んだりするのが、ハムスターにとって暮《く》らしやすい生活のリズムです。昼間《ひるま》起こしたり、好《す》き勝手《かって》な時間にエサをあげたりして、ハムスターの生活を乱《みだ》さないように注意《ちゅうい》しましょう。

夜中電気《でんき》がつけっぱなしだと、ボクたち調子《ちょうし》がくるっちゃう。部屋は、昼明《あか》るく夜暗くしておいてね。

飼育日記《しいくにっき》をつけてみよう

ハムスターの小《ちい》さな変化に気付くことが、病気《びょうき》の早期発見《そうきはっけん》につながります。毎日決まった時間にお世話をするようにして、健康チェックを欠《か》かさないで。その内容《ないよう》を日記につけておくようにすると、動物病院《どうぶつびょういん》での問診《もんしん》（医師《いし》が病状《びょうじょう》を質問《しつもん》すること）など、いざというときに役立《やくだ》ちます。

○月《がつ》×日《にち》（△曜日《ようび》）
今日《きょう》のハムの様子《ようす》
…元気《げんき》に遊んでいた。
体重《たいじゅう》…33g
ウンチ…やわらかめだった
オシッコ…少《すく》なめ
メモ
ケージの外《そと》を
30分ほど
さんぽした。

知《し》っておこう！ ハムスターって1日何《なん》時間くらい眠るの？

ハムスターは1日平均約《へいきんやく》14時間眠るといわれています。しかし、継続《けいぞく》して眠っているわけではなく、1回《かい》の睡眠《すいみん》が約《やく》11分《ぶん》くらいなのだそう。野生時代《やせいじだい》、ほかの動物に狙《ねら》われることが多《おお》かったハムスターは、短《みじか》い眠りを何度《なんど》も繰《く》り返《かえ》していました。計算《けいさん》すると、11分程度《ていど》の睡眠を約70回ほど繰り返していることになります。わたしたち人間からすると、あまり眠った気がしなさそうですね。

毎日《まいにち》やるお世話《せわ》をマスターしよう

毎日の
お世話
よろしくね☆

ハムスターのお世話はそれほど難《むずか》しくはありません。注意《ちゅうい》しなければならないポイントをいくつかおさえ、毎日快適《かいてき》に過《す》ごさせてあげましょう。

① エサ、水《みず》を交換《こうかん》しよう

エサと水は毎日夕方《ゆうがた》、新鮮《しんせん》なものに取《と》り替《か》えます。食《た》べ残《のこ》し、飲《の》み残しを、翌日《よくじつ》もそのままにしておくのはやめましょう。特《とく》に、野菜《やさい》などくさりやすいものは、夕方あげて翌朝《よくあさ》残っていれば取り除《のぞ》いてください。ペレットはくさりにくいので、夕方まで残しておいてもOKです。

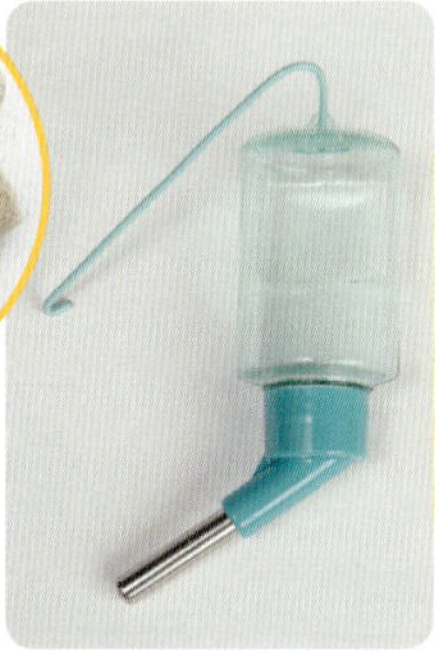

（くわしくは、60～69ページ）

注意すること

エサは、夕方決《き》まった時間《じかん》にあげますが、昼間《ひるま》もときどき起《お》きてエサを食べることがあります。朝、確認《かくにん》して、足《た》りなければ少《すこ》し足しておいてあげましょう。

② 健康状態《けんこうじょうたい》をチェックしよう

毎日のお世話に、健康チェックも加《くわ》えましょう。エサの食べ残しから食欲《しょくよく》はあるかどうかや、トイレの掃除《そうじ》をしながらおなかの具合《ぐあい》はどうかなどを確認し、変化《へんか》を見逃《みのが》さないようにします。手《て》にとって、体《からだ》のチェックも忘《わす》れずに。ハムスターを病気《びょうき》から守《まも》ってあげましょう。

（くわしくは、70・71ページ）

こんなことをチェックしよう

- □ エサの食べ残し具合は？
- □ ウンチの形《かたち》や大《おお》きさに変化はないか？
- □ 体にケガやしこり、抜《ぬ》け毛《げ》はないか？
- □ 目《め》やにや鼻水《はなみず》など、顔《かお》は汚《よご》れていないか？
- □ 歩《ある》き方《かた》はおかしくないか？
- □ 体重《たいじゅう》に増減《ぞうげん》がないか？

③ トイレ、巣箱《すばこ》、床材《ゆかざい》を簡単《かんたん》に掃除しよう

トイレ トイレを使《つか》っている場合《ばあい》は、容器《ようき》を洗《あら》います。トイレ砂《すな》は、においが消《き》えてトイレの場《ば》所《しょ》がわからなくならないように、前日《ぜんじつ》に使っていたものを少し残しておきましょう。

床材 トイレとして使っている部分《ぶぶん》の床材（オシッコでぬれている部分）のみ交換《こうかん》し、目《め》に付《つ》くウンチも取り除くようにします。それ以外《いがい》の床材の交換は週《しゅう》に1回《かい》で構《かま》いません。

巣箱 巣箱の中《なか》にエサをため込《こ》んでいる場合、くさりやすいものは取り除くようにしましょう。ウンチを巣の中ですることもあるので、それも取り除いておきます。

注意すること

ハムスターは体に備《そな》わっている臭腺《しゅうせん》から床材ににおいをこすりつけます。床材は全部《ぜんぶ》新《あたら》しいものに替えないようにし、新しいものに古《ふる》いものを少しだけ混《ま》ぜるようにしましょう。

（くわしくは、76・77ページ）

④ ケージから部屋《へや》に出《だ》して遊《あそ》ばせよう

野生《やせい》では1日数《すう》10kmも動《うご》き回《まわ》るといわれているハムスター。狭《せま》いケージの中ではどうしても運動不足《うんどうぶそく》になってしまいます。回し車《ぐるま》で運動をさせるだけでなく、1日1回ケージの外《そと》を散歩《さんぽ》させるのも、運動不足の解消《かいしょう》によいでしょう。ただし、ケージの外はハムスターにとって危険《きけん》がいっぱい。ケージの外を散歩させるときには、室内《しつない》の安全《あんぜん》をきちんと確保《かくほ》してからにしましょう。

注意すること

一度《いちど》ケージの外に出すと、ハムスターは外も自《じ》分《ぶん》の縄張《なわば》りだと思い、毎日散歩したがるようになります。一度散歩をさせたら、毎日出してあげるようにしましょう。

（くわしくは、90～93ページ）

正《ただ》しい食事《しょくじ》の与《あた》え方《かた》を理《り》解《かい》しよう

食事の時間《じかん》は規則《きそく》正しくね。

肥満《ひまん》を防《ふせ》ぐためにも、エサは決《き》まった時間に決められた量《りょう》をあげるようにします。あげたいときにあげたいものをあげるというやり方では、食事を正しく管理《かんり》できません。

ハムスターは雑食性《ざっしょくせい》の動物《どうぶつ》です

ハムスターは、ウサギのように完全《かんぜん》な草食《そうしょく》動物ではなく、草食に近《ちか》い雑食動物。野生《やせい》では、草《くさ》の葉《は》や種子《しゅし》、虫《むし》など手《て》に入《はい》るものを食《た》べています。あげたものを何《なん》でも食べてくれるので、いろいろあげたくなってしまいますが、与え方には注意《ちゅうい》が必要《ひつよう》。ハムスターが喜《よろこ》んでくれるからと、好物《こうぶつ》ばかりを無計画《むけいかく》に与えていると、偏食《へんしょく》や肥満になってしまいます。

毎日《まいにち》の食事はペレットを中心《ちゅうしん》にしよう

市販《しはん》のペレットは、15～20％程度《ていど》のたんぱく質《しつ》と3～5％程度の脂肪《しぼう》を含《ふく》み、ペレットと新鮮《しんせん》な水《みず》を与えるだけでも、十分《じゅうぶん》ハムスターに適《てき》した栄養《えいよう》とカロリーを摂取《せっしゅ》できるものです。狭《せま》いケージの中《なか》で運動量《うんどうりょう》もそれほど多《おお》くはないハムスターに、高《こう》カロリーの食事は肥満の元《もと》。ハムスターの健康《けんこう》のために、食生活《しょくせいかつ》はペレットを主食《しゅしょく》とし、野《や》菜《さい》や果物《くだもの》は副食《ふくしょく》にするようにしましょう。

基本《きほん》の食事

ペレット

ゴールデン
…10～15g

ドワーフ
…3～4g

＋

野菜《やさい》

ゴールデン
…葉物《はもの》なら5㎝角《かく》くらい

ドワーフ
…葉物なら1かけ

体重《たいじゅう》に合《あ》わせて適量《てきりょう》を与えよう

　ハムスターに必要な1日《にち》のエサの量は、個々《ここ》の体重によって異《こと》なります。大《おお》まかな目安《めやす》はハムスターの体重×5～10%程度（体重の20分《ぶん》の1～10分の1くらい）。季節《きせつ》や運動量によっても変化《へんか》しますが、体重100 gあたり、エサは5～12 gくらいを与えるとよいといわれています。きちんと体重を測定《そくてい》し、必要な量を把握《はあく》しておくようにしましょう。

食事時間と回数《かいすう》について

　ハムスターの食事時間は夕方《ゆうがた》～夜《よる》。朝《あさ》エサをあげても、夕方には野菜などはしなびてしまいます。エサをあげるのは、新鮮なうちに食べられる夕方にしましょう。エサの取《と》り替《か》えは1日1回《かい》でOKですが、朝容器《ようき》が空《から》っぽなら、少《すこ》し足《た》しておいて。

新鮮な水も忘《わす》れずに

　ハムスターに必要な水分《すいぶん》量は、食べ物《もの》によって変化しますが、体重100 gあたり約《やく》10ml程度。砂漠出身《さばくしゅっしん》で、もともと少《すく》ない水分で済《す》むハムスター。野菜や果物で水分をとることもできますが、新鮮な水は、常《つね》に飲《の》める状態《じょうたい》にしておいてあげましょう。

飲水量《いんすいりょう》の目安《めやす》

ゴールデン
…10～30ml

ドワーフ
…5～8ml

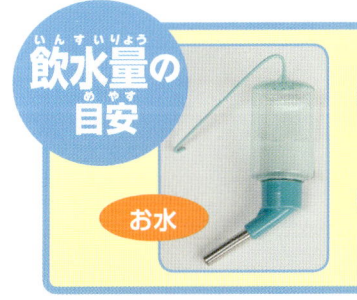

好物ばかりを与えてはいけません！

　ハムスターは高脂肪《こうしぼう》・高糖質《こうとうしつ》の「おいしいもの」が大好《だいす》き。ペレットと一緒《いっしょ》に「おいしいもの」を与えると、好物ばかりを食べるようになり、ペレットを食べなくなってしまうことも。主食はペレットを中心《ちゅうしん》にし、好物は「たまに」「ほんの少し」にしておいて。

ハムスターは、体《からだ》によいものかどうかなんて自分《じぶん》で判断《はんだん》できないから、おいしいものがあればそっちを中心に食べちゃうのは当《あ》たり前《まえ》だよね？

基本食《きほんしょく》・ペレット

主食《しゅしょく》にする
ものはコレ

▼ 固形《こけい》タイプのペレット

おすすめは
固形タイプ
good!
おすすめ!

総合栄養食品《そうごうえいようしょくひん》のペレットを食事《しょくじ》の中心《ちゅうしん》に

ペレットは、ハムスターに必要《ひつよう》な、たんぱく質《しつ》・脂肪《しぼう》・繊維《せんい》などの栄養をバランスよく含《ふく》んだ総合栄養食品。ハムスターの食事は、ペレットを中心とし、副食《ふくしょく》として野《や》菜《さい》などをプラスするのが、食事バランスが偏《かたよ》らない方法《ほうほう》でしょう。ただし、ペレットといえども食《た》べ過《す》ぎれば太《ふと》ります。与《あた》える量《りょう》はきちんと守《まも》りましょう。

ポイント Point!

ペレットには、固形タイプ・ソフトタイプなどがあります。おすすめは固形タイプ。ソフトタイプはいたみやすく、それを防《ふせ》ぐために合成添加物《ごうせいてんかぶつ》が入《はい》っていることが多《おお》いようです。自然界《しぜんかい》に無《な》い添加物は、ハムスターに食物《しょくもつ》アレルギーを起《お》こさせる可能性《かのうせい》もあります。固形タイプのペレットにも不自然《ふしぜん》に着色《ちゃくしょく》されたものなどがあるため、パッケージの表《ひょう》示《じ》をよく見《み》て選《えら》ぶようにしましょう。強《つよ》いにおいや着色がなく、できるだけ添加物の少《すく》ない食べ物《もの》を選んであげたいものです。

ガリ
ガリ
FOOD

ドワーフは粒《つぶ》の大《おお》きさに注意《ちゅうい》！

好物《こうぶつ》とペレットを一緒《いっしょ》に与えれば、ハムスターは好物のほうを食べたくなってしまいます。必《かなら》ずペレットを「主食」とするようにしましょう。また、ドワーフハムスターに与えるとき、ペレットの粒が大きいようであれば、細《こま》かくくだいて食べられる大きさにしてあげましょう。

ペレットを
くだいて。
大きすぎると
食べられ
ないんだ。
Robo

副食・野菜

▲**ハムスターが食べられる野菜**（小松菜《こまつな》・キャベツ・にんじん・ブロッコリー・チンゲン菜《さい》）

野菜は新鮮《しんせん》なものを。食べさせてはいけないものに注意

ペレットに混《ま》ぜて、副食として与えるのには野菜がおすすめ。生《なま》のビタミンは体《からだ》によいので、少《すこ》しずつとらせましょう。葉物《はもの》野菜なら、ゴールデンハムスターでは5cm角《かく》、ドワーフハムスターではほんの1かけ程度《ていど》が適量《てきりょう》です。水分補給《すいぶんほきゅう》にも使《つか》えるので、移《い》動中《どうちゅう》にも便利《べんり》。また、人間《にんげん》の体にはよいものでも、ハムスターの体には有害《ゆうがい》な野菜が多くあります。十分《じゅうぶん》注意を払《はら》いましょう。

Point

いたんでいるもの、カビているものは、ハムスターの小《ちい》さな体には致命的《ちめいてき》な毒《どく》になります。与えないように注意してください。また、夏場《なつば》はくさりやすいので、与えた野菜の食べ残《のこ》しは取《と》り除《のぞ》きます。エサの容器以外《ようきいがい》に、巣箱《すばこ》に隠《かく》す子《こ》もいるので、確認《かくにん》するようにしましょう。

水分はよくふきとって！

野菜をあげるときはよく洗《あら》い、ペーパータオルなどで水分をよくふきとってください。それから、食べやすい大きさに切《き》ってあげましょう。水分が多すぎる野菜をたくさん食べると、下痢《げり》をしてしまうおそれがあります。毒ではありませんが、レタスは避《さ》けたほうがよいでしょう。

与えて OK な野菜	与えるのは NG な野菜
にんじん・小松菜・ブロッコリー・キャベツ・チンゲン菜・パセリ・大根《だいこん》の葉・かぶの葉・とうもろこしなど。	アボカド・タマネギ・長《なが》ネギ・アスパラガス・ニラ・トマト・ジャガイモ・レタスなど。（くわしくは 68 ページ）

好物《こうぶつ》は肥満《ひまん》に注意《ちゅうい》して与《あた》えよう

喜《よろこ》んで食《た》べてくれるとうれしくて、ついついあげたくなってしまうハムスターの「好物」。しかし、ハムスターが好《この》むものは高脂肪《こうしぼう》。健康《けんこう》のために与えすぎには注意が必要《ひつよう》です。

おやつは基本的《きほんてき》には必要ありません

毎日《まいにち》1回《かい》、決《き》められた量《りょう》の食事《しょくじ》をあげていれば、ハムスターに必要なカロリーはきちんととれているはず。ですが、ハムスターが喜ぶ姿《すがた》を見《み》たくて、つい決められた食事以外《いがい》に「おやつ」として好物を与えてしまう飼《か》い主《ぬし》さんは多《おお》いでしょう。

しかし、その行為《こうい》がかわいいハムスターの寿命《じゅみょう》を縮《ちぢ》めてしまっているかもしれません。狭《せま》いケージで運動不足《うんどうぶそく》なうえ、カロリー過多《かた》となれば、肥満だけでなく、病気《びょうき》の原因《げんいん》にもなってしまいます。くれぐれも「おやつ」は与え方《かた》に要《よう》注意。

「ハムスター=ひまわりの種《たね》」は大《おお》きな間違《まちが》い

一昔前《ひとむかしまえ》まで、リスやハムスターなどの小動物《しょうどうぶつ》といえば、ひまわりの種やクルミを食べているというのが定番《ていばん》のイメージで、種子類《しゅしるい》を主食《しゅしょく》として与えている人も多くいました。確《たし》かに、高脂肪・高糖質《こうとうしつ》のものを好むハムスターは、ひまわりの種も好物です。しかし、種子類は油分《ゆぶん》が多く肥満の元《もと》。自然《しぜん》界《かい》で、ひまわりの種だけで過《す》ごすことがありえないように、種子類だけで必要な栄養《えいよう》を補《おぎな》うことはできません。ひまわりの種は、体力《たいりょく》をつけさせる必要があるとき以外与えないほうがよいでしょう。

知《し》っておこう! もし、ペレットを食べなくなったら

「おいしいもの」の味《あじ》を覚《おぼ》えてしまうと、ペレットを食べなくなってしまうことがよくあります。そんなときは、ペレットの食《く》いつきをアップさせる工夫《くふう》をしましょう。お湯《ゆ》でふやかしたり、にぼしのダシやリンゴの汁《しる》をかけると効果《こうか》があります。実際《じっさい》には与えなくても、「おいしいもの」とペレットを一緒にしまっておいて、においをペレットに移《うつ》すのもよいでしょう。

ときどきあげる副食《ふくしょく》

種子・穀類《こくるい》

ひかえてネ!
ん〜。
まあまあ。

低脂肪《ていしぼう》

小鳥用《ことりよう》のエサ

とうもろこし

そのほか
ベニバナ
オオムギなど

＞

高脂肪

ヒマワリの種

ピーナッツ、カボチャの種、ピスタチオ、アーモンド、クルミなど

おすすめ
good!
おすすめ!

種子はひかえて!

種子類よりは、カロリーが低《ひく》い穀類を与えましょう。ヒエやアワ、とうもろこし、小麦《こむぎ》、キビなど。栄養バランスがよい小鳥のエサはおすすめです。種子類は高カロリーなので、冬《ふゆ》の寒《さむ》さに備《そな》えて栄養をつけるときだけおやつにしましょう。

果物《くだもの》

リンゴ

メロン

ブドウ

イチゴ

パイナップル

乾燥《かんそう》果物

バナナ

糖分《とうぶん》・水分《すいぶん》に注意!

ハムスターは甘《あま》みがある果物も大好きですが、糖分が多いのであまりたくさんあげないで。水分が多いものにも注意が必要。

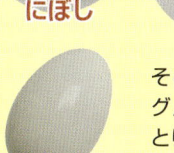

動《どう》物《ぶつ》性《せい》食《しょく》品《ひん》

にぼし

チーズ

ゆで卵《たまご》の白身《しろみ》

そのほか、ヨーグルト、ゆでたとり肉《にく》、ミルワームなど

塩分《えんぶん》が少ないものを!

動物性たんぱく質《しつ》を副食として与えるときは少《しょう》量《りょう》をときどきあげるだけにしましょう。目安《めやす》としては2～３日に１回程度《ていど》。

野《や》草《そう》・牧《ぼく》草《そう》

ナズナ
クローバー
オオバコ
タンポポ

わからないものは NG!

栄養的《てき》に優《すぐ》れたものがたくさんある野草ですが、素人《しろうと》には安全性《あんぜんせい》の判断《はんだん》は難《むずか》しいので、確実《かくじつ》に安全なもの以外は与えないようにしましょう。

食事《しょくじ》を与《あた》えるときの5つのNG《エヌジー》

やらないように、気《き》を付《つ》けて！

ハムスターの健康管理《けんこうかんり》に大切《たいせつ》な食事のお世話《せわ》で、気を付けてほしいことや、やってはいけないことを、5つのNG行動《こうどう》として確認《かくにん》しておきましょう。

×NG《エヌジー》1

エサの入《い》れっぱなしはダメ！ 毎日《まいにち》取《と》り替《か》えてね

ハムスター用《よう》に小《ちい》さくちぎったりカットしたりした野菜《やさい》や果物《くだもの》は、通常《つうじょう》よりもいたみやすいもの。梅雨時《つゆどき》から夏《なつ》の間《あいだ》は、特《とく》にくさったりカビたりしやすい季節《きせつ》。食《た》べ残《のこ》したエサをそのまま入れっぱなしにするのは危険《きけん》です。毎日確認して、新《あたら》しいエサと取り替えましょう。

×NG2

エサは決《き》まった時間《じかん》に。気《き》まぐれはいけません！

肥満《ひまん》は、万病《まんびょう》の元《もと》。そして、ハムスターを肥満にしてしまう一番《いちばん》の原因《げんいん》は、気まぐれに食べ物《もの》を与える飼《か》い主《ぬし》さんなのです。特に、家《か》族《ぞく》で飼っている場合《ばあい》、それぞれが「少《すこ》しだけ」おやつを与えていると、気付かないうちに大量《たいりょう》にあげていたなんてことも。

知《し》っておこう！ 人間《にんげん》の食べ物のおすそわけはNG？

自分《じぶん》が食べている物を、じっとハムスターに見《み》られて、ついおすそわけしたくなってしまう気持《きも》ちはわかります。しかし、人間の食べ物の中《なか》には、ハムスターにとって有毒《ゆうどく》な物も存在《そんざい》し（くわしくは68・69ページ）、塩分《えんぶん》、糖分《とうぶん》、カロリー共《とも》に高《たか》すぎ、体《からだ》によくはありません。食事管理をきちんとし、ハムスターの健康を守《まも》るためにも、「おやつ」も「おすそわけ」もやめておきましょう。

おいしそうな ニオイ…
モグモグ
ドーナツ

もともと少ない食事で過《す》ごしてきたから、おやつまでもらっちゃうと食べ過ぎだよ！

おすすめ
しません

×NG3

あげすぎ禁止《きんし》！ 決まった量《りょう》を与えて

あげたらあげた分《ぶん》だけ食べてしまうハムスターもいるので、くさらないペレットであってもまとめてあげるのはNGです。毎日決まった量のエサをあげるようにし、留守《るす》にするときは、なるべくほかの人《ひと》にお世話を頼《たの》みましょう。

×NG4

与えてはいけない食べ物はもちろんあげないように！

基本的《きほんてき》に、自分の体に有害《ゆうがい》なものであっても、疑《うたが》わず何《なん》でも食べてしまうハムスター。動物《どうぶつ》の第六感《だいろっかん》で危険な食べ物を避《さ》けるということはできないので、飼い主さんが気を付けてあげましょう。

（危険な食べ物についは68・69ページ）

×NG5

ハムスターの食べ残しを口《くち》にしないで！

ハムスターの唾液《だえき》に対《たい》して、人体《じんたい》がショック症状《しょうじょう》を起《お》こすことがあります。ハムスターが残したエサには、唾液が付いている可能性《かのうせい》もありますので、もったいないと口に入れるのは絶対《ぜったい》にやめましょう。

知《し》っておこう！ 同《おな》じ食事ばかりだと、ハムスターは飽《あ》きちゃうの？

同じ食事ばかりだから「飽きた」などといっていては、どんな動物であっても、野生《やせい》で生《い》き延《の》びることはできません。ハムスターも、生きるためには好《す》き嫌《きら》いをいってはいられないので、同じ食事、例《たと》えばペレットをずっと食べさせていても不満《ふまん》に思《おも》うことはないのです。それではなぜ総合栄養食《そうごうえいようしょく》のペレット以外《いがい》の食べ物も与えるのかというと、それはひとえにハムスターの喜《よろこ》ぶ姿《すがた》を見たい飼い主さん側《がわ》の願望《がんぼう》なのです。偏食《へんしょく》や肥満に気を付けてさえいれば、ハムスターにいろいろ与えて一緒《いっしょ》に喜ぶのもよいことでしょう。

基本的に好き嫌いがないはずのハムスターを偏食にしてしまうのは、与え方に問題《もんだい》あり。

ハムスターに与《あた》えてはいけない

野《や》菜《さい》

アスパラガス

長《なが》ネギ

レタス

ニラ

タマネギ

ジャガイモ（芽《め》と皮《かわ》）

トマト（葉《は》と茎《くき》）

アボカド

タマネギ・長ネギには赤血球《せっけっきゅう》を壊《こわ》す成分《せいぶん》が含《ふく》まれます。同《おな》じくユリ科《か》のアスパラガス・ニラ・にんにくなども避《さ》けて。レタスは下痢《げり》を起《お》こす危険が。トマトの芽や葉、ジャガイモの芽には中毒《ちゅうどく》を起こすソラニンが。アボカドは肝臓障害《かんぞうしょうがい》·けいれんを起こす恐《おそ》れあり。

チョコレート

カフェインやテオブロミンを含み、けいれんなどの神経症状《しんけいしょうじょう》や胃腸《いちょう》障害《しょうがい》を起こす危険が。大量《たいりょう》に食べると、心不《しんふ》全《ぜん》を起こし死亡《しぼう》します。

アルコール

アルコール類《るい》はたとえ少量《しょうりょう》であっても、体《からだ》が小《ちい》さいので、急性《きゅうせい》アルコール中毒で死亡してしまいます。絶対に口《くち》に入《はい》らないように注意《ちゅうい》が必要《ひつよう》。

危険《きけん》な食《た》べ物《もの》

危険な食べ物は覚《おぼ》えておいて、絶対《ぜったい》にあげないようにしてね。

果物《くだもの》

ビワ

モモ（樹皮《じゅひ》と葉《は》）

果肉を食べる分には問題はありませんが、本来食べない茎や葉などを食べると、中毒症状を起こす危険性《せい》があります。モモとビワは、種《たね》にも注意。呼吸困難《こきゅうこんなん》、心臓麻痺《しんぞうまひ》などを起こす危険あり。

種

梅《うめ》ぼしの種

リンゴの種

モモ、ビワ、アンズ、サクランボなどの種

梅ぼしの種は、割《わ》れた中《なか》から青酸配糖体《せいさんはいとうたい》が出《で》てきて、呼吸困難や心臓麻痺を起こす危険があります。リンゴなど、その他《た》の果物の種も与えないように注意。

植物《しょくぶつ》

ポトス

チューリップ

ゴムの木《き》

そのほか、アサガオ、アジサイ、すずらん、ヒヤシンス、ベゴニア、ポインセチア、シクラメン、ホオズキなど、観《かん》葉植物《ようしょくぶつ》のほとんどはハムスターが口にすると危険なものです。

毎日《まいにち》の健康《けんこう》チェックを欠《か》かさないで

毎日元気《げんき》に過《す》ごしたいよね。

病気《びょうき》の治療《ちりょう》には、早期発見《そうきはっけん》が何《なに》より大事《だいじ》。毎日のお世話《せわ》を通《とお》して、ハムスターの体調《たいちょう》や行動《こうどう》に変化《へんか》がないかを観察《かんさつ》し、健康チェックを怠《おこた》らないようにしましょう。

毎日の体調確認《かくにん》で健康管理《かんり》を

毎日、同《おな》じ時間《じかん》に同じようにお世話をしていれば、時間になっても起《お》きてこないとか、いつもよりも遊《あそ》ぶ時間が少《すく》ないなど、ハムスターの変化に気付《きづ》くことができます。ものが言えない動物《どうぶつ》の健康を守《まも》るためには、こうした日々《ひび》の観察がとても重要《じゅうよう》になってくるのです。

毛《け》、皮膚《ひふ》

毛づやが悪《わる》くなったり、しこりができたりしていない？

耳《みみ》

汚《よご》れていたり、においがしたりしない？
耳がねていない？

目《め》

目やに、涙《なみだ》が出《で》ていたり、できものができていたら要《よう》注意《ちゅうい》。

フン、オシッコ

ウンチは黒《くろ》くポロポロしている？　オシッコはうすい黄色《きいろ》？

鼻《はな》

鼻のまわりが汚れているのは、鼻水《はなみず》が出ているからかも。

しっぽ

しっぽがぬれているときは、下《げ》痢《り》をしているのかも。

歯《は》

食べづらそうにしていたら、歯が折《お》れたりしていないかチェック。

つめ

つめは伸《の》びすぎていない？　伸びすぎはケガの元《もと》。

こんなことをチェックしよう

- □ 食欲《しょくよく》はあるか？
- □ 歩《ある》き方《かた》がふらつくなど、動作《どうさ》に変化はないか？
- □ 体重《たいじゅう》は急激《きゅうげき》に増減《ぞうげん》していないか？

体重を把握《はあく》して、病気のサインを見逃《みのが》さないように

ハムスターは、たとえ飼《か》い主《ぬし》であっても、弱味《よわみ》（体《からだ》の不調《ふちょう》など）を見《み》せようとはしません。病気やケガをしても平気《へいき》な顔《かお》をしているため、不調に気付くのは困難《こんなん》です。そこで、病気の早期発見の方法《ほうほう》としておすすめしたいのは、体重を把握すること。生後《せいご》6か月《げつ》まで増加《ぞうか》するはずの子《こ》どものハムスターの体重が増《ふ》えなかったり、体重が安定《あんてい》するはずのおとなのハムスターで、体重が増え続《つづ》けたり、逆《ぎゃく》に減《へ》り続けたりした場合《ばあい》、病気を疑《うたが》いましょう（冬《ふゆ》を越《こ》す前《まえ》は体重が増加してもOK）。

体重の量《はか》り方

体重の測定《そくてい》は、毎週《まいしゅう》1回《かい》、時間を決《き》めて

計測《けいそく》にはキッチン用《よう》のはかりを使《し》用《よう》します。デジタルタイプのものが、体重のわずかな増減まで把握できるため、理想的《りそうてき》ですが、目盛《めも》りタイプのものでもOKです。はかりの上に小《ちい》さな箱《はこ》などの容器《ようき》を載《の》せ、その容器の分《ぶん》の重《おも》さをあらかじめ引《ひ》いておき、中《なか》にハムスターを入《い》れて測定すると、量りやすいでしょう。

健康なハムスターの体重の目安《めやす》

ゴールデンハムスター

オスは約《やく》85 g～130 g。メスは約95～150 g。メスのほうが少《すこ》し重い。

ドワーフハムスター

ジャンガリアンやキャンベルなどは約30 g～45 g。ロボロフスキーは約15 g～30 g。

体調に変化が見られたら即対応《そくたいおう》を

野生《やせい》では、弱《よわ》っているものから捕食者《ほしょくしゃ》に食《た》べられるという法則《ほうそく》があります。そのため、ハムスターは体の不調を本能的《ほんのうてき》に隠《かく》そうとし、病気が末期《まっき》の状態《じょうたい》になっても、普通《ふつう》に生活《せいかつ》していることが珍《めずら》しくありません。そんなハムスターの不調に気付くのはとても困難。少《すこ》しでも体調の変化が見られたら、一刻《いっこく》も早《はや》く病院《びょういん》に連《つ》れて行《い》くなど対策《たいさく》をとりましょう。早い時期《じき》に診療《しんりょう》を受《う》ければ、それだけ早期に治《なお》る確率《かくりつ》が高《たか》くなります。また、「おかしい」と思《おも》ったら、すぐに病院へ連れて行けるように、あらかじめハムスターをみてくれるお医者《いしゃ》さんを探《さが》しておくようにしましょう。犬《いぬ》や猫《ねこ》に比《くら》べると、ハムスターを診療できる病院はまだまだ数《かず》が少《すく》ないのが現実《げんじつ》です。

ハムスターのお手《て》入《い》れをしよう

ぼくたち
きれい好《す》き
なんです。

きれい好きで、自分《じぶん》で身《み》づくろいができるハムスターですが、お手入れをお世話《せわ》に加《くわ》えることで、体《からだ》のちょっとした変化《へんか》にも気付《きづ》きやすくなります。

体のお手入れで病気《びょうき》の予防《よぼう》を

定期的《ていきてき》なお手入れは、体の汚《よご》れやつめの伸《の》び具合《ぐあい》の確認《かくにん》など、自《し》然《ぜん》と健康《けんこう》チェックになります。ハムスターは、自分で毛《け》づくろいなどをしますし、中《なか》には触《さわ》られるのが苦手《にがて》な子《こ》もいますので、短毛《たんもう》の子は無理《むり》にお手入れをする必要《ひつよう》はありませんが、体に汚れはないか毛づやはよいかなど確認は怠《おこた》らないようにしましょう。

ブラッシング　やり方《かた》

長毛《ちょうもう》のハムスターには必要なお手入れです。分泌物《ぶんぴつぶつ》やホコリがたまりやすく、毛玉《けだま》ができてしまう場合《ばあい》もありますので、夏場《なつば》は特《とく》に念入《ねんい》りに。ブラッシングには、マッサージ効果《こうか》もありますし、皮膚《ひふ》トラブルの発見《はっけん》にもつながるので、短毛のハムスターもときどきブラッシングしてあげることをおすすめします。頭部《とうぶ》や腹部《ふくぶ》などいやがる部位《ぶい》は避《さ》けて、丁寧《ていねい》にすいてあげましょう。

頭《あたま》から背中《せなか》を、毛の流《なが》れにそって優《やさ》しくブラッシング。

使用《しよう》するもの

小動物用《しょうどうぶつよう》ブラシも販売《はんばい》されていますが、人間用《にんげんよう》の毛が柔《やわ》らかいタイプの歯《は》ブラシでも代用可能《だいようかのう》です。自分で毛づくろいしなくなった老《ろう》ハムスターもブラッシングが必要になります。若《わか》いうちから慣《な》らしておくのも手でしょう。長毛種《しゅ》のがんこな毛玉は、皮膚を傷《きず》付《つ》けないよう注意《ちゅうい》しながらハサミでカット。

Soft
Type

ハムスターにおふろはNG！体が汚れていたら環境《かんきょう》の見直《みなお》しを

ハムスターは水《みず》が苦手で、おふろに入れると、とてもいやがり体力《たいりょく》を消耗《しょうもう》してしまいます。また、体温調節《たいおんちょうせつ》がうまくできないため風邪《かぜ》をひいてしまうこともあります。体が汚れていても、入浴《にゅうよく》はさせないでください。また、体の汚れは、病気やケージ内《ない》の掃除《そうじ》が行《い》き届《とど》いていないせいかもしれません。ハムスターの体調《たいちょう》に変化はないか、飼育《しいく》環境に問題《もんだい》はないか、改《あらた》めて確認するようにしてください。

自分で身づくろいをできるから、おふろに入れる必要はないよ。体にひどく汚れがついてしまったときも、基本的《きほんてき》にはぬれタオルで汚れをぬぐうだけにして水で洗《あら》わないでね。

体をふく やり方

ハムスターの皮膚は、意外《いがい》にトラブルが多《おお》く、湿疹《しっしん》や抜《ぬ》け毛、フケやベタつきなどが見《み》られることがあります。もし、これらの症状《しょうじょう》に気が付いたら早《はや》めに病院《びょういん》へ連《つ》れて行《い》きましょう。体に汚れがついてしまったときには、タオルをぬるま湯《ゆ》でしめらせて、かたくしぼってから、ぬぐいとります。ゴシゴシこすったりせず、優しくふいてあげましょう。

どうしても体を洗いたいときには

汚れた部分《ぶぶん》だけを洗剤《せんざい》を使《つか》わずにさっと洗うようにし、すぐにタオルで水分《すいぶん》をふきとりましょう。風邪をひかせないように注意して。

◆ 皮膚や被毛《ひもう》を清潔《せいけつ》に保《たも》つ砂浴《すなあ》び

おふろには入《はい》らないハムスターは、砂浴びで皮膚や毛をきれいにしたり、体についたにおいをとったりします。中には砂浴びをしない子もいますが、自分で毛づくろいをして清潔を保つので、あまり気にしなくて大丈夫《だいじょうぶ》。実際《じっさい》に汚れがとれているのかはわかりませんが、砂の上の姿《すがた》はなんとなく気持《きも》ちよさそう!?

▲ くるみさんちのチョコくん
（ロボロフスキー・♂）

つめ切《き》り やり方《かた》

ハムスターのつめも、人間同様《にんげんどうよう》、生涯《しょうがい》伸《の》び続《つづ》けますが、動《うご》き回《まわ》っているうちに自然《しぜん》と削《けず》れるので、ほとんどお手《て》入《い》れ不要《ふよう》です。ただし、体調《たいちょう》が悪《わる》くてあまり動かない子《こ》はつめが伸びすぎてしまう場合《ばあい》もあるので、長《なが》いつめをひっかけてケガをしないうちに切ってあげましょう。体《からだ》を固定《こてい》し、血管《けっかん》を切らないように注意《ちゅうい》しながら、伸びた部《ぶ》分《ぶん》だけカットします。あらかじめ正常《せいじょう》なつめの長さを知《し》っておくことも重要《じゅうよう》です。

使用《しよう》するもの

女性用《じょせいよう》のまゆばさみなどを使用するとよいでしょう。人間や犬猫《いぬねこ》用のつめ切りは大《おお》きすぎて難《むずか》しいので、使《つか》わないように。野生《やせい》のハムスターは地面《じめん》に穴《あな》を掘《ほ》ることが、つめの伸びすぎの予防《よぼう》になっています。ペットのハムスターも砂遊《すなあそ》びをさせると、つめを自然に削ることができます。

つめをチェックしたり、切ったりするときは、ハムスターを背中側《せなかがわ》からつかむようにして、体を固定し、指《ゆび》の上《うえ》にハムスターの前足《まえあし》をのせます。無理《むり》におさえつけようとしないでね。

つめを切る位置《いち》

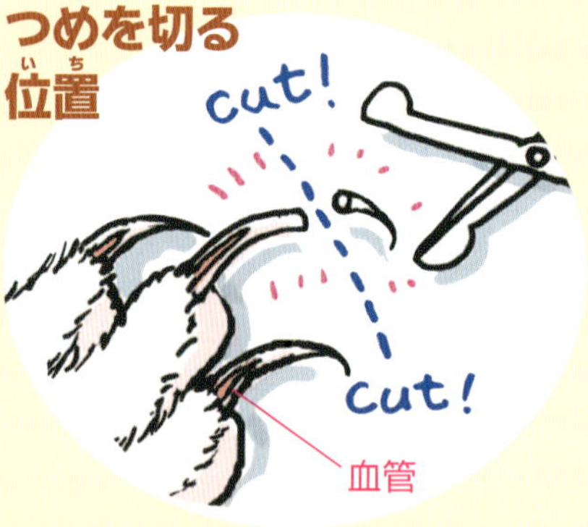

動物病院《どうぶつびょういん》で切ってもらっても

小《ちい》さなハムスターのつめを切るのは、慣《な》れていなければ難しいことです。暴《あば》れられればケガをさせてしまうかもしれませんので、獣医《じゅうい》さんに相談《そうだん》して切ってもらうようにしましょう。また、つめが伸びるのは運動《うんどう》不足《ぶそく》などが原因《げんいん》していることも。飼育環境《しいくかんきょう》や体調《たいちょう》を見直《みなお》すためにも、一度《いちど》動物病院へ。

知《し》っておこう! 誤《あやま》って血管を切ってしまったら

ハムスターのつめを光《ひかり》にすかしたときに、ピンク色《いろ》になっている部分は血管です。誤って切ってしまうと血《ち》が出《で》てしまうので、血管の長さと同《おな》じくらいつめを残《のこ》しておいて、1本《ぽん》ずつ慎重《しんちょう》に切ります。血管を切ってしまった場合は、粉末止血剤《ふんまつしけつざい》を少量《しょうりょう》付けて止血をします。ケガをしたときの応急処置《おうきゅうしょち》にも使えますので、安全《あんぜん》な薬剤《やくざい》を獣医さんに教《おし》えてもらって、常備《じょうび》しておいてもよいでしょう。

ほおぶくろのお手入れ やり方

基本的《きほんてき》にはお手入れは不要です。年《とし》をとると、ほおぶくろにたくさん食《た》べ物《もの》を入《い》れてなかなか出《だ》さなかったり、自分《じぶん》で取《と》り出すことができなくなったりするハムスターもいます。長《なが》い時間《じかん》ほおぶくろに食べ物を入れっぱなしにしていると、ほおぶくろの病気《びょうき》になりやすいので、口《くち》を開《あ》けさせて、食べ物を前にもってきてあげる必要《ひつよう》があります。

食べ物がほおぶくろに入《はい》っているかどうか、口を開けさせて確認《かくにん》するやり方は慣れていないと難しいので、外からほおぶくろの位置を触《さわ》り、ゴリゴリしていないかを確認しましょう。

歯《は》のお手入れ やり方

ハムスターの歯は、生涯伸び続けます。上下《じょうげ》の歯（切歯《せっし》や門歯《もんし》と呼《よ》ばれる）がきちんと生《は》えそろっていれば、自然と削り合《あ》って伸びすぎをおさえます。しかし、何《なん》らかの原因で歯が損傷《そんしょう》を受《う》けると、どこまでも伸び続けてしまうので、定期的《ていきてき》に削る処置《しょち》が必要になります。口の中をこまめにチェックし、早めに異常《いじょう》に気付くようにしましょう。

口を開けたときに歯のチェックを

慣れていれば、首《くび》の皮《かわ》をつかんで口を開けさせて中を見ることも。慣れない人は無理せず、あくびなどで口を開けたときに確認しましょう。

食欲《しょくよく》がないときには、歯の異常《いじょう》が原因の場合があるので、口の中をチェックして。上下の歯がそろっていれば、大丈夫《だいじょうぶ》。かじり木をかじるのは大好きなので、入れておくのもおすすめです。

知《し》っておこう！ 塩土《えんど》はかじりすぎに注意しよう

小鳥用《ことりよう》の「塩土」を常《つね》にケージに入れておき、かじらせて歯の伸びすぎをおさえる方法《ほうほう》は避《さ》けたほうがよいでしょう。塩土がおなかの中で固まってしまう可能性《かのうせい》があります。上下に２本そろっていれば、特別《とくべつ》に何かをする必要はありません。

ケージ内《ない》の掃《そう》除《じ》をしよう

ハムスターが病気《びょうき》にならないように、ケージ内は衛生的《えいせいてき》に保《たも》ちたいもの。毎日《まいにち》掃除をして、きれいにしてあげましょう。また、1・2週間《しゅうかん》に1回はケージを丸洗《まるあら》いしましょう。

毎日きれいにしよう

巣箱《すばこ》

中《なか》に食《た》べ物《もの》を隠《かく》すハムスターもいるので、確認《かくにん》して、くさる物は捨《す》てます。巣箱にフンがあれば、取《と》り除《のぞ》きましょう。

床材《ゆかざい》

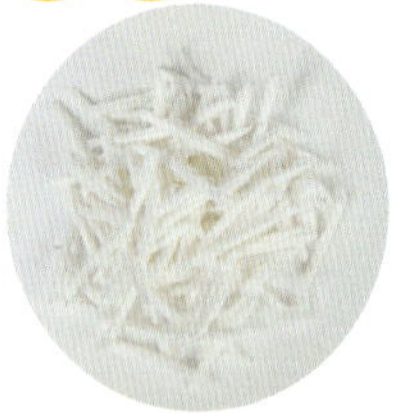

床材は、全部《ぜんぶ》を毎日交換《こうかん》する必要《ひつよう》はありません。トイレに使《つか》っているところなど、汚《よご》れた部分《ぶぶん》の床材のみを入《い》れ替《か》えます。

食器《しょっき》

毎日取り出《だ》し、食べ残《のこ》しを捨てます。きれいに見《み》えても唾液《だえき》が付《つ》いていることがあるので、エサを入れる前《まえ》に必《かなら》ず洗いましょう。

水飲《みずの》み

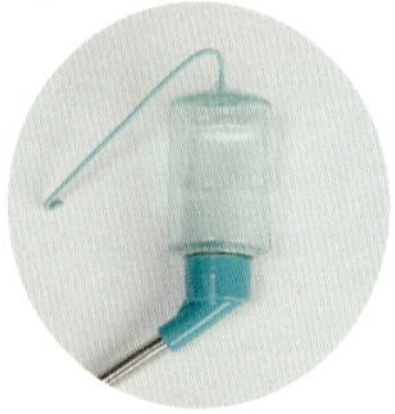

給水《きゅうすい》ボトルは、細《ほそ》いブラシなどを使って、中の水あかやゴムの部分のぬめりなどを毎日きれいに洗いましょう。

トイレ

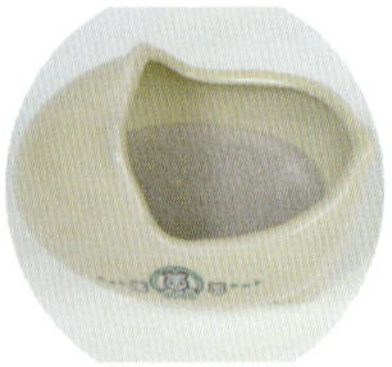

トイレの容器《ようき》はきれいに洗い、トイレ砂《すな》も替えます。トイレの位置《いち》がわからなくならないように、新《あたら》しい砂に前日《ぜんじつ》の砂を少量《しょうりょう》混《ま》ぜます。

回《まわ》し車《ぐるま》など

季節《きせつ》の変《か》わり目《め》などは特《とく》に、抜《ぬ》け毛《げ》が付いていたりするので、ぬらしたティッシュなどで汚れをふき取りましょう。

1・2週間に1回、ケージを洗おう

①ハムスターを移動《いどう》する。

掃除をする前に、まずはハムスターを移動用《よう》のケースなどに移《うつ》しておきます。使っていた床材やエサを少し入れておいてあげましょう。

②ケージを洗う。

中の飼育用具《しいくようぐ》を取り出し、床材や食べ物を捨てます。ハムスター用具洗い専用《せんよう》のスポンジを使い、すみずみまでまるごと水洗いをします。

③洗剤《せんざい》をよくすすぎ流《なが》す。

洗剤や漂白剤《ひょうはくざい》を使って洗った場合《ばあい》は、成分《せいぶん》が残《のこ》らないように十分《じゅうぶん》水ですすぎましょう。ケージを洗い終《お》わったら、飼育用具も同様《どうよう》に水洗いします。

④天日干《てんひぼ》しで乾《かわ》かす。

洗い終わったケージや用具は、熱湯《ねっとう》をかけて消《しょう》毒《どく》します。さらにその後《ご》、天日干しにして日光《にっこう》で消毒をし、完全《かんぜん》に乾かしましょう。

ハムスターのケージや用具を洗う洗剤について

プラスチック製《せい》のケージや用具を洗う洗剤は、においがきつくない中性《ちゅうせい》洗剤を選《えら》びましょう。木製《もくせい》の用具は洗剤を使えませんので、煮沸《しゃふつ》消毒をするとよいでしょう。

かじり木《ぎ》や木製のおもちゃは、お鍋《なべ》でグラグラ煮《に》る煮沸消毒がおすすめだよ。

ハムスターの1年間《ねんかん》のお世話《せわ》について

「暑《あつ》すぎ」「寒《さむ》すぎ」はハムスターにとって大敵《たいてき》。日本《にほん》の夏《なつ》や冬《ふゆ》は、ハムスターの体力《たいりょく》も落《お》ちやすい季節です。注意《ちゅうい》してお世話をしましょう。

季節に合《あ》わせてお世話の仕方《しかた》を変《か》えよう

自分《じぶん》で体温調節《たいおんちょうせつ》がうまく行《おこな》えず、温度《おんど》や湿度《しつど》の変化《へんか》に体《からだ》が影響《えいきょう》を受《う》けてしまうハムスター。気《き》温《おん》が下《さ》がりすぎれば、体温も下がって仮死状態《かしじょうたい》になり、気温が高《たか》すぎれば、熱射病《ねっしゃびょう》を起《お》こしてしまいます。ですから、気温の変化が激《はげ》しい日本の四《し》季《き》は、ハムスターにとっては厳《きび》しい環境《かんきょう》といえます。ハムスターが元気《げんき》で快適《かいてき》に過《す》ごせるよう、室《しつ》温《おん》は20℃～28℃くらいで一定《いってい》に保《たも》ち、体の機能《きのう》が落ちないように季節によってお世話の方法《ほうほう》も変えるようにしましょう。

春《はる》 3～5月《がつ》

1年を通《とお》して最《もっと》も過ごしやすい季節

春は、気温や湿度が安定《あんてい》し、ハムスターが元気に過ごせる季節です。ハムスターを初《はじ》めて飼《か》う人《ひと》は、この時期《じき》から飼い始《はじ》めるのが安心《あんしん》。赤《あか》ちゃんを産《う》むのにも適《てき》した時期です。ペットショップにも子《こ》どものハムスターがたくさんそろいます。

ポイント Point! 朝晩《あさばん》の冷《ひ》え込《こ》みに注意

朝昼《ひる》晩で温度差《さ》が出《で》やすく、日《ひ》によっても寒暖《かんだん》差が激しいこの季節。床材《ゆかざい》の量《りょう》を急《きゅう》に減《へ》らさずに、寒いときはもぐれるようにしておきましょう。また、夏毛《なつげ》に生《は》え変《か》わるシーズンですので、必要《ひつよう》ならブラッシングやこまめな掃除《そうじ》を。

食事《しょくじ》

タンポポやオオバコ、クローバーなど春の野草《やそう》を取《と》り入《い》れたり、栄養《えいよう》を豊富《ほうふ》に含《ふく》んだ春の野《や》菜《さい》を、食事に加《くわ》えてみましょう。

春は、ハムスターにとっても過ごしやすい最高《さいこう》の季節。

梅雨《つゆ》 6～7月

湿度嫌《ぎら》いなハムスター、梅雨も苦手《にがて》な季節です

湿度が高くジメジメしている梅雨は、ハムスターが苦手な季節の1つです。ケージや巣《す》箱《ばこ》の中《なか》にも湿気《しっけ》がこもりやすくなります。

Point《ポイント》

ジメジメ&カビ対策《たいさく》をしましょう

ケージを風通《かぜとお》しのよい場所《ばしょ》に置《お》き、エアコンの機能で快適に過《す》ごせるよう対策を。ただし、室温も下げてしまうエアコンのドライ機能には注意が必要です。晴《は》れた日は、ケージや巣箱《すばこ》を洗《あら》って日光消毒《にっこうしょうどく》をしましょう。

食事

食《た》べ物《もの》がくさったりカビたりしやすい季節。食べ残《のこ》しはすぐに捨《す》てるようにして、巣箱の中に食べ物を隠《かく》していないか確認《かくにん》しましょう。ペレットもすぐにしけってしまうので、入《い》れっぱなしは避《さ》けましょう。

夏 7～9月

暑さと湿気で夏ばてしやすい季節

気温30℃以上《いじょう》になることが珍《めずら》しくない日本の夏。日差《ひざ》しが入《はい》り込《こ》まない室内《しつない》でも、熱射病を起こす恐《おそ》れがあります。暑さを乗《の》り越《こ》えられるように対策を。

Point《ポイント》

室温を下げ熱射病予防《よぼう》を

エアコンで部屋全体《へやぜんたい》を24～28℃くらいに保ちます。ハムスターは汗《あせ》をかかないため、扇風《せんぷう》機《き》で風《かぜ》をあてても、人間《にんげん》のように気化熱《きかねつ》で体温を下げることができません。室温自体《じたい》を下げる工夫《くふう》が必要です。

食事

食べ物がくさりやすいので、まめに取り除《のぞ》きます。夏ばてしないように、水分《すいぶん》を含んだ野菜や果物《くだもの》を与《あた》えてもよいですが、あげすぎて下痢《げり》をさせないように。水《みず》も1日2回交換《かいこうかん》します。

住《す》まい

夏の間《あいだ》だけ、風通しのよい金網型《かなあみがた》のケージに換《か》える場合《ばあい》は、ケガに注意して使用《しよう》しましょう。ケージのまわりに、保冷剤《ほれいざい》や冷却《れいきゃく》シートをはり付《つ》けたり、ハムスターがかじらない位置《いち》に乾燥剤《かんそうざい》を置いてもよいでしょう。

ペットボトルに水を入れて凍《こお》らせたものを、ケージの周《まわ》りに置くのも冷却効果《こうか》があります。水滴《すいてき》が落《お》ちないようにタオルを巻《ま》いて。

秋《あき》 10〜11月《がつ》

体力《たいりょく》を取《と》り戻《もど》したい 食欲《しょくよく》の秋

暑《あつ》さが去《さ》り、涼《すず》しくなってくると、ハムスターも元気《げんき》になってきます。食欲も出《で》てくるこの季節《きせつ》に、夏《なつ》で落《お》とした体力を取り戻し、厳《きび》しい冬《ふゆ》の寒《さむ》さに備《そな》えたいところです。季節の変《か》わり目《め》は、朝昼晩《あさひるばん》の寒暖《かんだん》の差《さ》が激《はげ》しいので注意《ちゅうい》してあげましょう。

Point《ポイント》

冬に備えて、体力をつけよう

夜《よる》から朝にかけてぐっと冷《ひ》え込《こ》む日《ひ》も多《おお》くなります。ケージを窓際《まどぎわ》などに置《お》かないように気《き》を付《つ》けましょう。冬毛《ふゆげ》に生《は》え変わるので、抜《ぬ》け毛対策《たいさく》を。

食事《しょくじ》

冬に備えて栄養《えいよう》をつけさせます。旬《しゅん》の秋野菜《やさい》や果物《くだもの》を食べさせ、食べ過《す》ぎに気を付けつつ種子類《しゅしるい》も与《あた》えます。

冬を前《まえ》に栄養をたくわえたい。ハムスターにとっても「食欲の秋」といえます。

冬《ふゆ》 12〜2月

寒さが命《いのち》とり 擬似冬眠《ぎじとうみん》に気を付けて

気温《きおん》が下《さ》がりすぎると、体力が落ちたハムスターは、冬眠状態《じょうたい》になってしまいます。しっかりとした準備《じゅんび》もせず、中途半端《ちゅうとはんぱ》に疑似冬眠に陥《おちい》ると、そのまま死《し》んでしまう危《き》険性《けんせい》が大《おお》きいのです。擬似冬眠をさせないため、しっかりと寒さ対策をとりましょう。

Point《ポイント》

室温 15℃を切《き》らないで

エアコンなどで室温をなるべく一定《いってい》に保《たも》ちます。ケージ内《ない》の温度《おんど》は必《かなら》ず 15℃以上《いじょう》になるよう、ケージの下《した》にペットヒーターや電気《でんき》あんかをしいたり、ケージに毛布《もうふ》などをかぶせたりします。床材《ゆかざい》を多《おお》めに入《い》れてあげて、巣《す》の中《なか》で暖《あたた》かく過《す》ごせるようにしてあげましょう。

ペットヒーターを使《つか》えば、ケージ内の温度が低《ひく》くならないように一定に保てます。コンセントが抜《ぬ》けていたなどのミスがないように。

疑似冬眠について

ハムスターの冬眠は、ほかの動物《どうぶつ》と比《くら》べて眠《ねむ》りが浅《あさ》く、「擬似冬眠」だという専門家《せんもんか》もいて、実態《じったい》はよくわかっていません。しっかり冬越《ご》しの準備をした野《や》生《せい》のハムスターであっても、冬眠してそのまま目《め》を覚《さ》まさない危険があります。ですから、人間《にんげん》の生活《せいかつ》に合《あ》わせ、暖房《だんぼう》の中で過ごす飼育下《しいくか》のハムスターが、急《きゅう》に温度が下がって擬似冬眠状態に陥るのは大変《たいへん》に危《あぶ》ないことなのです。気温 10℃くらいで起《お》こりえますので注意が必要《ひつよう》です。

対処方法《たいしょほうほう》

冬眠状態に入《はい》ったハムスターは、体温《たいおん》が極端《きょくたん》に低下《ていか》し、呼吸《こきゅう》、心拍数《しんぱくすう》が減《へ》り、死んでしまったように見《み》えます。落《お》ち着《つ》いて確認《かくにん》すれば、かすかに呼吸が認《みと》められますので、懐《ふところ》に入れたり手《て》で包《つつ》んだりして人《ひと》の体温で温《あたた》め、一刻《いっこく》も早《はや》く目《め》覚《ざ》めさせてください。病《びょう》院《いん》へも連《つ》れて行《い》きましょう。そのままほうっておくと本当《ほんとう》に死んでしまいます。

食事

冬は、体温・体力を維持《いじ》させるためにも、カロリーを多《おお》めにとらせたいもの。ほかの季節に比《くら》べ食欲が落ちるので、ふだんの食事に種子類をやや多めにプラスします。

住まい

ケージは家《いえ》の中の暖かい場所《ばしょ》に置くようにしてください。エアコンやペットヒーターなどで、夜間《やかん》から明《あ》け方《がた》まで保温《ほおん》に気を使《つか》いましょう。床材を多めに入れておいてあげれば、寒いときには巣の中に入れて暖かい寝床《ねどこ》を作《つく》れますので、たっぷり入れてあげましょう。

暖かそうだからと、巣材《すざい》に綿《わた》を入れるのはNG。

ハムスター豆知識《まめちしき》 その3

ハムスターの五感《ごかん》

聞《き》く（聴覚《ちょうかく》）

人間《にんげん》では聞きとれない高《こう》周波《しゅうは》の音《おと》もしっかり聞こえる、敏感《びんかん》な耳《みみ》を持っています。野生《やせい》では超音波《ちょうおんぱ》で仲間《なかま》に合図《あいず》をします。もっとよく聞こうとすると、ピンと耳が立《た》ちます。

ゆるさくさんちの黍《きび》くん（ロボロフスキー・♂）

見《み》る（視覚《しかく》）

ハムスターは近眼《きんがん》で、視力《しりょく》はよくありません。色《いろ》についても、白《しろ》と黒《くろ》しか見分《みわ》けられず、カラフルなおもちゃの色もわからないそう。しかし、暗《くら》い中《なか》でよく見える網膜細胞《もうまくさいぼう》を持《も》ち、夜行性《やこうせい》のハムスターには便利《べんり》な目《め》です。

くるみさんちのチーノくん
（ジャンガリアン・♂）

かぐ（嗅覚《きゅうかく》）

弱《よわ》い視力をカバーするように、においをかぐ力《ちから》は発達《はったつ》していて、においで相手《あいて》を判断《はんだん》します。特《とく》に、メスが結婚相手《けっこんあいて》を選《えら》ぶときは、オスのにおいをかいで判断しているようです。

味《あじ》わう（味覚《みかく》）

何《なん》でも食《た》べるハムスターですが、結構好《けっこうす》き嫌《きら》いがあり、甘《あま》い味《あじ》が好きで、苦《にが》い味は嫌い。味には敏感《びんかん》で、舌《した》の細胞《さいぼう》の中にある「みらい」という器官《きかん》で感じとっています。

痛覚《つうかく》

ハムスターは、人間や犬猫《いぬねこ》に比《くら》べて、痛《いた》みの感《かん》覚《かく》が鈍《にぶ》いらしく、ケガをしても自分《じぶん》でわからないことがあるそうです。おなかなどの内臓《ないぞう》の痛みは、感じるようです。

第《だい》4章《しょう》

ハムスターとの楽《たの》しい暮《く》らし方《かた》

ゴールデンハムスター

ハムスターと仲《なか》よくなろう

ぼくと仲よくしてくれる？

縁《えん》あって迎《むか》えた子《こ》だから、できるだけ仲よく暮《く》らしたいものです。ハムスターの習性《しゅうせい》を理解《りかい》して付《つ》き合《あ》えば、信頼関係《しんらいかんけい》がきちんと築《きず》けて、きっと仲よくなれます。

まずは、人《ひと》に慣《な》らすことから始《はじ》めよう

ハムスターを人に慣らす理由《りゆう》は、人間側《にんげんがわ》に都合《つごう》がよいからというだけではありません。毎日《まいにち》、人間にお世《せ》話《わ》をされるハムスターにとっても、人に慣れることでストレスが軽減《けいげん》され、よいことでもあるのです。種類《しゅるい》によって慣れやすいものと慣れにくいものがいるので、焦《あせ》らず無理《むり》せず、飼《か》い主《ぬし》さんを覚《おぼ》えさせるようにしましょう。

ゴハンよー
はむちゃん

毎日、名前《なまえ》を呼《よ》びながらエサをあげます。人は怖《こわ》くないとわかれば、徐々《じょじょ》に仲よくなれます。

仲よくなるために おさえたい3つのポイント

1 無理強《むりじ》い、いやなことは絶対《ぜったい》にしない

ハムスターにとって、自分《じぶん》の何倍《なんばい》も大《おお》きな人間につかまれたりすれば恐怖《きょうふ》を覚えます。もともと警戒心《けいかいしん》が強《つよ》いハムスター。一度《いちど》怖いと感《かん》じてしまうと、恐怖心は記憶《きおく》からなかなか消《き》えにくいもので、信頼を得《え》るまでには時《じ》間《かん》がかかってしまいます。ハムスターがいやがることをせずに、優《やさ》しく接《せっ》するように心がけていれば、次第《しだい》に懐《なつ》いてくれるはず。

薬《くすり》を飲《の》ませるときなど、ハムスターがいやがることをどうしてもしなければならないときには、タオルを使《つか》ったりして、飼い主さんの手《て》と悪《わる》い記憶が結《むす》びつかないようにする方法《ほうほう》があるよ。

2 安心感《あんしんかん》を与《あた》え、信頼関係を築く

ハムスターを上手《じょうず》に慣らすコツは、無理をせず、気長《きなが》に焦らず付き合うこと。毎日、優しく静《しず》かにお世話をしていれば、あなたを怖くない存在《そんざい》だと信頼するようになります。ハムスターの慣れ方《かた》には個体差《こたいさ》があるので、すぐに懐く子もいれば、なかなか懐かない子もいるでしょう。がっかりしたりせず、ゆっくり仲よくなるようにしましょう。

3 エサをうまく利用《りよう》して よいことがあると思《おも》わせる

はむちゃん!
ワク
ワク

優しく声《こえ》をかけながら、エサや好物《こうぶつ》を与えるようにすると、ハムスターの頭《あたま》の中《なか》で、好物と飼い主さんの声が結びつきます。この声でこの人間がやってきたときには、何《なに》かよいことがある……と、ハムスターが飼い主さんを好《す》きになるのです。慣れたら、エサがなくても飼い主さんと遊《あそ》ぶようになります。

知《し》っておこう! ハムスターは敵《てき》をどのように判断《はんだん》している?

においや音《おと》で相手《あいて》を識別《しきべつ》しているハムスター。元《もと》は被捕《ひほ》食動物《しょくどうぶつ》で、用心深《ようじんぶか》いため、自分以外《いがい》の未知《みち》の動物は基本《きほん》的《てき》にはすべて敵だと判断します。性格《せいかく》にもよりますが、安《あん》全《ぜん》だとわかるまではなかなかその警戒《けいかい》を解《と》くことはありません。飼い主さんが何度《なんど》か接するうちに、においや音声《おんせい》を覚え、攻撃《こうげき》してこないことがわかってはじめて「人間は怖いものではない」とわかるのです。

こんなはずでは……

ハムは基本的に 一匹ずつ暮らす生き物とか…
よって 夜のお散歩も 交替 交替 なのです.
♪
はい 次ね
まだ 遊び足りん!
母・ささ
娘・こざさ
♫ ♪
でも そう簡単に ケージに 戻されて たまるものかと …
へへへ〜っ 脱出成功や!
しかし … 思わぬところで はちあわせ!!
なんで ここに いるねん!?
しもた … 見つかった
そのまま かたまってしまうことも しばし ….
どないしょ ——
カチン
コチン
そう. ハムスターは あとずさりが できません.

ハムスターの正《ただ》しい触《さわ》り方《かた》

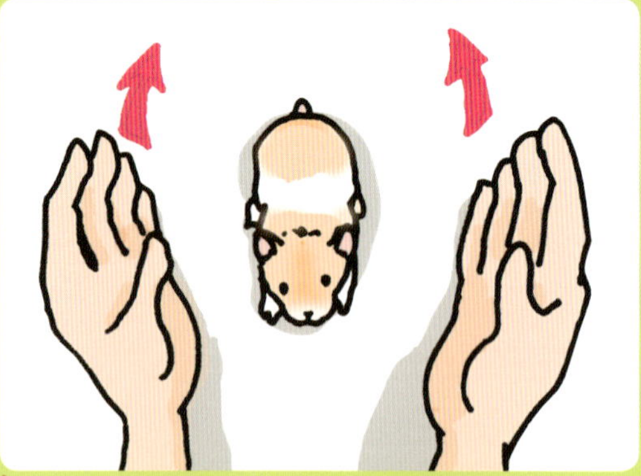

ハムスターは前《まえ》から触る

ハムスターを触るときには、手《て》を前からそっと近《ちか》づけるように。後《うし》ろや上《うえ》から手を出《だ》すと、びっくりしてかむこともあります。

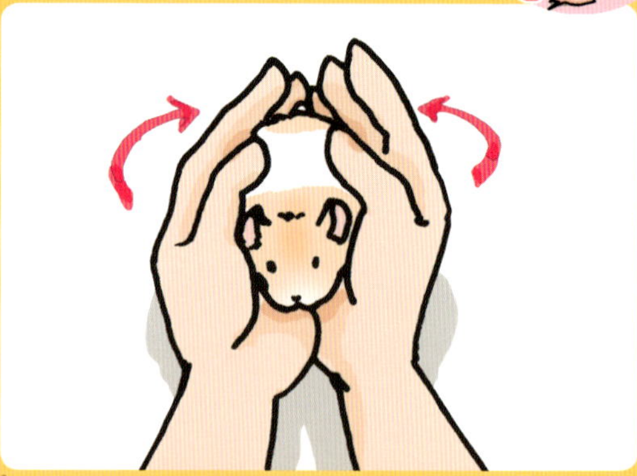

両手《りょうて》で包《つつ》みこむように持《も》つ

手の上にハムスターをのせるときは、前方《ぜんぽう》から近づけた手にすくうようにしてのせます。手は必《かなら》ず低《ひく》い位置《いち》で構《かま》えるようにしましょう。

ハムスターを持つときは座《すわ》って

ハムスターは、手の中《なか》から突然《とつぜん》ジャンプして飛《と》び出すことも。落《お》ちてケガをさせないように、なるべく低い位置で持ちましょう。

気持《きも》ちよさそうにしていたら、背中《せなか》のほうまでなでてみて。いやがるそぶりが見《み》られたら、すぐに中断《ちゅうだん》して、別《べつ》の機《き》会《かい》に試《ため》してみてね。

慣《な》れてきたら、ゆっくりなでてみる

手を怖《こわ》がらないようになったら、正面《しょうめん》から指《ゆび》を近づけて頭《あたま》をゆっくりなでてみましょう。逃《に》げるようなら、すぐにやめましょう。

NG《エヌジー》 こんな触り方はいけません

× 無理矢理《むりやり》つかむ

ハムスターが手にのってくれないからと、無理矢理体《からだ》をつかむのはＮＧです。いやがることはしないように。

× 後ろや上から捕《つか》まえる

上や後ろから手が近づいてくると、敵《てき》におそわれたと思《おも》って怖くなり、かみついてしまうこともあります。

× 耳《みみ》やしっぽをつまむ

耳やしっぽは敏感《びんかん》な部分《ぶぶん》なので、つまんだり引《ひ》っ張《ぱ》ったりしないように。足《あし》を引くのもやめてください。

× おなかを触る

体の下側《したがわ》の腹部《ふくぶ》は、ハムスターの急所です。つかんだり、強《つよ》く押《お》したりしないようにしてください。

ポイント Point ハムスターを移動《いどう》させるときは

掃除《そうじ》をするためにケージを移《うつ》すなど、ハムスターを移動させるときには、必ず低い姿勢《しせい》で、小《ちい》さな容器《ようき》に入れるなどして運《はこ》びましょう。ハムスターは目《め》が見《み》えないため、高《たか》さがわからず、飛《と》び降《お》りてしまうことも。ふたに持ち手があるものは、容器が落ちないように下の部《ぶ》分《ぶん》を持ちましょう。

慣れていない子《こ》はコップなどを使《つか》って持とう

人間《にんげん》の手を怖がる子を、移動させるために無理矢理捕まえれば、ますます人間の手を警戒《けいかい》して慣れてくれなくなるでしょう。そんなときには、トイレットペーパーのしんやコップなどを入れ物として使います。中に誘導《ゆうどう》し、入り口をおさえて運びます。かまれるときは軍手《ぐんて》を使うとよいでしょう。

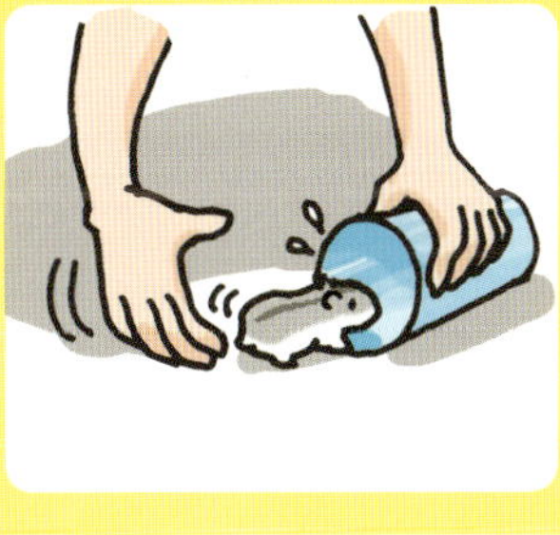

野生《やせい》の本能《ほんのう》を遊《あそ》びで満《み》たそう

ぼくたちはこんな遊びが好《す》きなんだ。

いろいろなおもちゃが売《う》られていて試《ため》してみたくなりますが、「遊び」はハムスターの立場《たちば》になって考《かんが》えてみることが大切《たいせつ》。「安全《あんぜん》」で「ハムスターにとって楽《たの》しい」遊びとは？

ハムスターが好きな遊びを理解《りかい》しよう

ハムスターにとっては「遊び」の感覚《かんかく》ではないかもしれませんが、体《からだ》に残《のこ》っている本能を満たすため、回《まわ》し車《ぐるま》で思《おも》い切《き》り走《はし》ったり、床材《ゆかざい》をほじったりしたい欲求《よっきゅう》はあります。食《た》べて眠《ねむ》るだけの生活《せいかつ》では、心身《しんしん》の健康《けんこう》を保《たも》つことはできません。どんな遊びでもよいわけではなく、中《なか》にはストレスとなってしまうものもあるので、本当《ほんとう》に楽しい遊びなのか見《み》きわめましょう。

ハムスターが好きな遊び

回し車

運動不足《うんどうぶそく》になりがちなハムスターには必要な運動器具《きぐ》。縄張《なわば》りを走り回っている気持《きも》ちを思《おも》い出《だ》すのか、一晩《ひとばん》中《じゅう》走っている子《こ》が多《おお》い。

穴掘《あなほ》り

野生の習性《しゅうせい》の名残《なご》りで、穴掘り行動《こうどう》が見られることも。砂《すな》場《ば》や多めの床材で、穴掘り遊びができるようにしてあげて。

トンネル

土《つち》の中で暮《く》らしていた野生時代《じだい》のトンネルを再現《さいげん》する筒状《つつじょう》のおもちゃも大好《だいす》き。トイレットペーパーのしんなら汚《よご》れても取《と》り替《か》え可能《かのう》で衛生的《えいせいてき》。

ハムスターは狭《せま》いところが大好き

体が挟《はさ》まれていると安心《あんしん》するのか、ハムスターは狭いすき間《ま》を好《この》むものです。筒状の物《もの》に入《はい》り込《こ》んだり、巣箱《すばこ》とケージの壁《かべ》の間《あいだ》のちょっとしたスペースにもぐったりする姿《すがた》がよく見られます。室内《しつない》を散歩《さんぽ》させるときは、人間《にんげん》の目《め》で見たら大丈夫《だいじょうぶ》そうなすき間でも、入り込んでしまうことがあるので、注意《ちゅうい》が必要《ひつよう》です。

ハムスターの体は小《ちい》さいので、ちょっとしたすき間でも入り込んでしまいます。

ハムスターの遊びは安全であることが第一《だいいち》

ハムスターを遊ばせるときは、安全であることが第一条件《じょうけん》です。与《あた》えるおもちゃも、危険《きけん》がないかを十分《じゅうぶん》に検討《けんとう》して選《えら》ぶようにしましょう。ケージから出《だ》して部屋《へや》の中を散歩させるときには、細心《さいしん》の注意が必要です。ハムスターの入り込めそうなすき間をふさいだり、危険な物は片付《かたづ》けたり、安全確保《かくほ》がきちんとできてから、外《そと》に出してあげましょう。

家具《かぐ》と壁のすき間は、雑誌《ざっし》などを挟んでふさぎます。

知《し》っておこう！ 「ケージの中だけ」ではかわいそう？

ハムスターは、一度《いちど》外に出て散歩をすると、そこも自分《じぶん》の縄張りであると考えるようになります。毎日《まいにち》縄張り点検《てんけん》をしたがりますので、「たまに」しか外に出せないのはストレス。短時間《たんじかん》でも、1日《にち》1回《かい》は散歩をさせてあげたいものですが、それが無理《むり》なら外に出さないほうがよいともいえます。ケージの中だけで過《す》ごさせるのであれば、十分に運動できるよう、工夫《くふう》をしてあげましょう。

ケージの外《そと》に出《だ》してみよう

ケージの外はどんな世界《せかい》？

ハムスターの健康《けんこう》のため、適度《てきど》な運動《うんどう》は欠《か》かせません。回《まわ》し車《ぐるま》もいいけれど、ケージの外に出《で》て自由《じゆう》に歩《ある》き回るお散歩《さんぽ》タイムは、ハムスターにとって楽《たの》しい時間《じかん》になるでしょう。

ハムスターの目線《めせん》で、危険《きけん》なものは取《と》り除《のぞ》いて

ハムスターを室内《しつない》に放《はな》して散歩をさせるとき、きちんと安全確保《あんぜんかくほ》をしておくのは、飼《か》い主《ぬし》さんの大事《だいじ》な役目《やくめ》です。ちょっとした見落《みお》としが、ハムスターの命《いのち》にかかわる事故《じこ》につながらないとも限《かぎ》りません。以下《いか》の項目《こうもく》を参考《さんこう》に、部屋《へや》の中の危険なものは取り除き、危険な場所《ばしょ》には近《ちか》づけないように準備《じゅんび》をしてから、ハムスターを放してあげてください。

ケージから出す前《まえ》に ここをチェック！

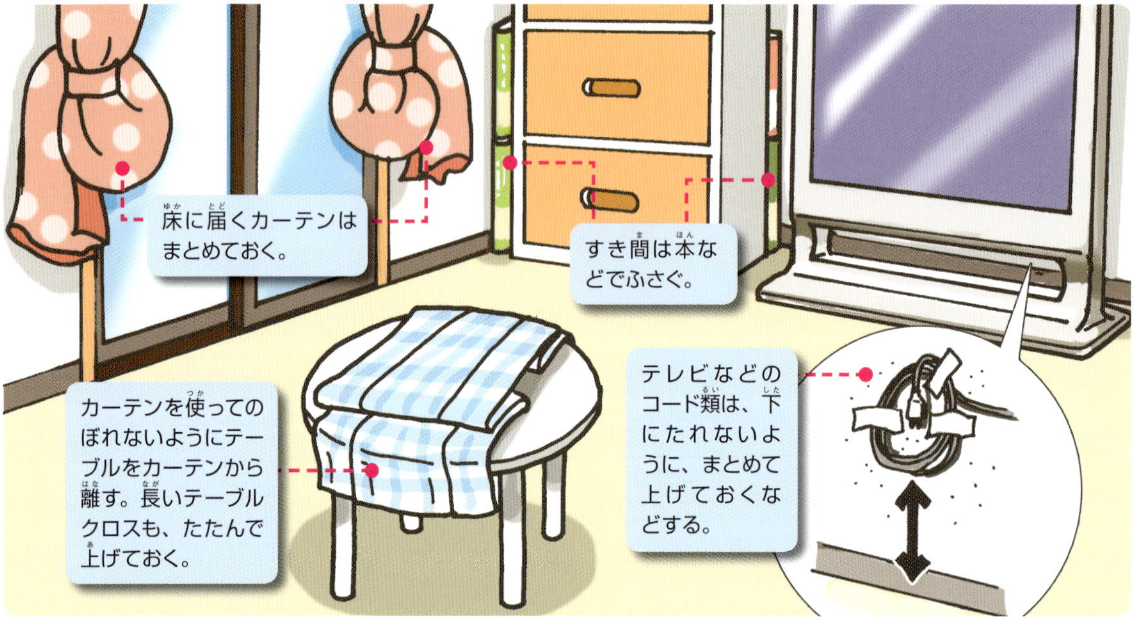
床《ゆか》に届《とど》くカーテンはまとめておく。
すき間《ま》は本《ほん》などでふさぐ。
カーテンを使《つか》ってのぼれないようにテーブルをカーテンから離《はな》す。長《なが》いテーブルクロスも、たたんで上《あ》げておく。
テレビなどのコード類《るい》は、下《した》にたれないように、まとめて上げておくなどする。

危険なものを片付《かたづ》ける

蚊《か》取《と》り線香《せんこう》・蚊取りマット

ゴキブリとり

観葉植物《かんようしょくぶつ》

ビニール袋《ぶくろ》類

人間の食《た》べ物《もの》

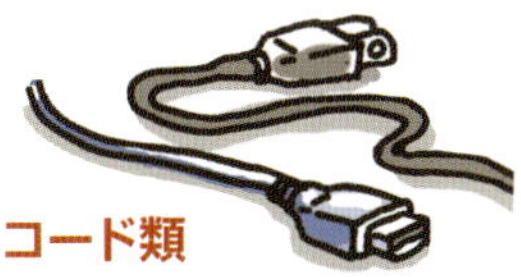

コード類

タバコ

…そのほか、薬品《やくひん》類は危険！　ゴム製品《せいひん》などかじられたら困《こま》るものも片付けます。

ほかのペットに注意《ちゅうい》

猫《ねこ》や犬《いぬ》など、ハムスター以外《いがい》のペットがいる場合《ばあい》は、ほかのペットが部屋《へや》に入《はい》ってこないよう注意が必要《ひつよう》。うちの猫、うちの犬は攻撃《こうげき》しないから大丈夫《だいじょうぶ》と思《おも》っても、ハムスターは大変《たいへん》に恐《おそ》ろしい思いをします。

食べ物が落《お》ちていないか確認

人間の食べ物には、ハムスターに有害《ゆうがい》なものもあります。テーブルの上の人間の食べ物を片付けるのはもちろん、食べかすなどが床に落ちていて、ハムスターの口《くち》に入ってしまうと危険なので、掃除機《そうじき》もかけましょう。

ポイント Point 別荘《べっそう》を作《つく》ってしまったら…

ハムスターを部屋に放す前に、家具《かぐ》のすき間に入り込《こ》めないようにふさいだとしても、タンスやテレビ、机《つくえ》の裏側《うらがわ》などに、ティッシュをため込んだりして巣《す》を作っていることがあります。散歩の合間《あいま》にこのような「別荘」を作ってしまうこと自体《じたい》に問《もん》題《だい》はありませんが、食べ物などを持《も》ち込んでいると、腐《くさ》ったりして不衛生《ふえいせい》。残《のこ》った食べ物は、チェックして捨《す》てるようにしましょう。

脱走《だっそう》してしまったら…

散歩中《ちゅう》はハムスターの動《うご》きから目《め》を離さないことが基本《きほん》ですが、もし、ハムスターが姿《すがた》を消《け》してしまってなかなか戻《もど》ってこない場合、まずは、部屋の外に出ていないことを確認《かくにん》しましょう。ドアや窓《まど》をしっかり戸締《とじ》まりし、エサを使《つか》っておびき出します。おなかがすいてくれば、ハムスターは食べ物のにおいにつられて姿を現《あらわ》すはず。エサと水を部屋のすみに置《お》いて、出てくるのを待《ま》ちましょう。

ハムスターの散歩中《さんぽちゅう》の注意点《ちゅういてん》

自由《じゆう》に遊《あそ》んでいる姿《すがた》を見守《みまも》っていてあげましょう

人間《にんげん》が構《かま》いすぎると、せっかくの散歩を楽《たの》しめません。しかし、自由に散歩をさせている間《あいだ》も、必《かなら》ず目《め》だけは離《はな》さないように。ハムスターをほうって、別《べつ》の部屋《へや》に行《い》ったり、ほかのことをしていたりするのはNG。動《うご》き回《まわ》ってうっかりハムスターを踏《ふ》んだり、ドアで挟《はさ》んだりする事故《じこ》を防《ふせ》ぐため、散歩中はできるだけ座《すわ》っていましょう。

ほかの家族《かぞく》の注意を促《うなが》すために、ドアに「散歩中」の貼《は》り紙《がみ》をしておいて。

ハムスターは一度《いちど》決《き》めた通《とお》り道《みち》を変《か》えない

ハムスターは、自分《じぶん》の存在《そんざい》をにおいでアピールします。おとなのハムスターには自分のにおいを分泌《ぶんぴつ》する「臭腺《しゅうせん》」という器官《きかん》があり、ここから分泌物を出《だ》して自分の縄張《なわば》りにマーキングをしていきます。部屋を散歩している間も、マーキングを行《おこな》い、毎日《まいにち》、自分のにおいが消《き》えていないか縄張りの確認《かくにん》をして回ります。不思議《ふしぎ》なのは、その縄張り確認の順路《じゅんろ》。よく見《み》ていると、必ず毎日同《おな》じ道順《みちじゅん》で回っていることに気《き》が付《つ》くはず。ハムスターは習性《しゅうせい》として、同じ道を通って、縄張りに変化《へんか》がないことを確認して安心《あんしん》したいものなのです。

同じ道順が安心。大幅《おおはば》に部屋の模様《もよう》替《が》えをすると、混乱《こんらん》してしまうことも。

あなたも通り道の一部《いちぶ》かもしれない!?　じっとしていてあげてね。

散歩のやめ時《どき》とやめさせ方《かた》について

　ハムスターが一番納得《いちばんなっとく》するやめ時は、縄張り点検《てんけん》が一周終《いっしゅうお》わってケージに戻《もど》ってきたとき。室内《しつない》を一周し終わると、ハムスターは、ケージにいったん戻って、ごはんを食《た》べたりオシッコをしたりします。そのとき、散歩を終わりにするのがベストです。なかなか戻ってこない子は、ある程度《ていど》の時間《じかん》でケージに戻してしまっても。最初《さいしょ》はいやがっても、明日《あす》も外《そと》に出《で》られることがわかれば平気《へいき》になるようです。

室内散歩はなるべく毎日させてあげよう

　散歩を覚《おぼ》えたハムスターにとって、外に出られない日《ひ》はストレスです。ほかのおもちゃを与《あた》えても、そのストレスは軽減《けいげん》されません。散歩は飼《か》い主《ぬし》さんが見守る安全《あんぜん》な中でさせるものなので、都合《つごう》でどうしても外に出せない日は我慢《がまん》させるより仕《し》方《かた》がありません。たまにしか出せないのなら、散歩をさせない方針《ほうしん》にして、広《ひろ》めのケージを用意《ようい》してあげましょう。

ハムスターからのお願《ねが》い

たまにしか外に出られない子に、散歩を覚えさせるのは逆《ぎゃく》にかわいそうなことだから、ケージの中で十分《じゅうぶん》に運動《うんどう》できるように、トンネルを付《つ》けたり工夫《くふう》をしてあげるようにしてね。

ハムスターが複数《ふくすう》いる場合《ばあい》は、順番《じゅんばん》を決《き》めて1匹《ぴき》ずつ散歩をさせましょう。

手《て》のりハムスターにする方《ほう》法《ほう》

もっとコミュニケーションとりたいな。

人間《にんげん》の手に慣《な》れてきたら、ハムスターを手のりにしてみましょう。時間《じかん》をかけて、焦《あせ》らずに慣らしていくことが、手のりにするコツです。

無理《むり》せずゆっくり慣らそう

▲ゆるさくさんちの黍《きび》くん（♂・ロボロフスキー）も手のりです。

人《ひと》と同《おな》じで、ハムスターにもいろいろな性格《せいかく》の子《こ》がいます。すぐに慣れて、難《なん》なく手にのる子もいれば、怖《こわ》がってなかなか慣れない子も。ゴールデンやジャンガリアンと比較《ひかく》してロボロフスキーやキャンベルは、手のりになりにくいようです。また、どの種類《しゅるい》であっても、いきなり手にのるということはまずありませんので、手順《てじゅん》を踏《ふ》んで、ゆっくり慣らしていきましょう。

手のりハムスターにする手順

1 手渡《てわた》しで食《た》べ物《もの》を与《あた》えてみる

食べ物を受《う》け取《と》れば成功《せいこう》です。奪《うば》って逃《に》げてもOK。同じことを何度《なんど》か繰《く》り返《かえ》し、あなたの手のにおいを、ハムスターに覚《おぼ》えさせましょう。

あっ
カボタネ

夕方《ゆうがた》から夜《よる》、ハムスターが起《お》きている時間に挑戦《ちょうせん》してね。寝《ね》ているときやエサを食べているときは避《さ》けよう。

2 手渡しが成功したら、手のひらに食べ物をのせてみて

ケージの中に手のひらをそっと差《さ》し入《い》れてみましょう。怖がらずに近寄《ちかよ》ってきて、においをかいだり足《あし》をかけたりすればあと一歩《いっぽ》。

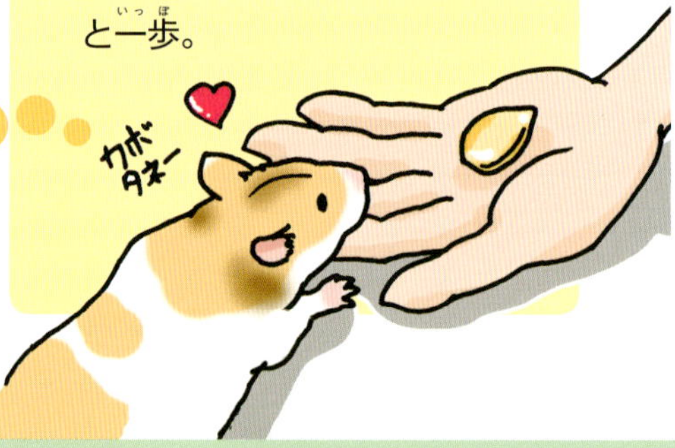
カボ
タネー

3 手のひらにのったら、しばらくじっと動《うご》かさないように

手の上で、食べ物を食べたり、においをかいだりすれば、すっかり慣れてくれているはず。急《きゅう》に動かして驚《おどろ》かさないように注意《ちゅうい》。

注意ポイント

根気《こんき》よく続《つづ》けて、ハムスターが手にのってくれたら、感激《かんげき》もひとしお。ですが、うれしくても声《こえ》を上《あ》げたり手を動かしたりしないで。ハムスターが怖がってしまいます。感動《かんどう》するならお静《しず》かに。

4 手の上に慣れたら、両手《りょうて》で包《つつ》み込《こ》むように持《も》ってみて

食べ物がなくても手にのってきて、逃《に》げ出さないようなら、もう片方《かたほう》の手を添《そ》え、包み込むようにして持ってみましょう。

ハムスターを持つときは、必《かなら》ず低《ひく》い位置《いち》でね。急に手を動かしたり、背中《せなか》をつかんだりすると、びっくりしてかんじゃうかもよ。

すっかり慣れると、手の上で毛《け》づくろいをしたり、くつろぐ姿《すがた》が見られるようになるかもしれません。

5 すっかり手のりになったら、別《べつ》の持ち方《かた》も試《ため》してみましょう

お世話《せわ》に必要《ひつよう》な持ち方です。ハムスターのわきの下に指《ゆび》を入れ、前《まえ》足を出します。もう一方《いっぽう》の手を必ず下に添えるようにしましょう。

いつでも手にのるようになったら、もう片方の手で頭《あたま》や背中を優《やさ》しくなでて、スキンシップ＋健康《けんこう》チェックを。

砂《すな》浴《あ》びをさせよう

お砂って
気持《きも》ちいい！

人間《にんげん》が湯《ゆ》ぶねにつかると気持ちがいいと感《かん》じるように、ハムスターにとって砂浴びは、衛生《えいせい》面《めん》での効果《こうか》以上《いじょう》に気持ちがよくてリラックスできるものです。

ハムスターは砂浴びが好《す》き

実際《じっさい》にダニが取《と》れるなどの衛生面での効果があるわけではなく、体《からだ》は毛《け》づくろいできれいにするので、砂浴びをしなくても問題《もんだい》はありません。しかし、砂の上《うえ》でゴロゴロするのは気持ちがいいようで、多《おお》くのハムスターが喜《よろこ》びます。

浴び砂は、必《かなら》ず市販《しはん》の焼《や》き砂を使《つか》ってね。庭《にわ》や公園《こうえん》の砂には雑菌《ざっきん》がいたりして衛生的《てき》ではないんだ。小鳥用《ことりよう》やプレーリードッグ用のものでもOKだよ。

知《し》っておこう！ 砂浴びはハムスターの野生《やせい》の名《な》残《こ》り？

ハムスターと同《おな》じげっ歯類《しるい》のチンチラやプレーリードッグは余分《よぶん》な皮脂《ひし》を取《と》るため、砂浴びをする習性《しゅうせい》があります。野生時代《じだい》のハムスターも砂によって皮脂や微生物《びせいぶつ》を取っていたようで、飼育下《しいくか》のハムスターが砂浴びをするのは、そのころの習性の名残りのようです。

砂浴びのさせ方《かた》

1 砂浴び場《ば》を用意《ようい》する

容器《ようき》を用意し、
専用《せんよう》の砂を入《い》れるだけ

適度《てきど》な大《おお》きさの容器に市販の砂を入れます。砂浴び専用なら、小鳥用でもプレーリードッグ用でも構《かま》いません。トイレ砂で代用《だいよう》するなら固《かた》まらないタイプのものを。

こうしてゴロゴロ転《ころ》がっているとすっきりするなぁ。においをとる効果もあるらしいよ。あんまり気持ちよくて、ここで寝《ね》ちゃうこともあるんだ。
じた
ばた
砂の深《ふか》さは5cm以上。
ハムスターが体を伸《の》ばしても十分《じゅうぶん》なサイズ。
市販されている専用の砂を使う。

2 自由《じゆう》に遊《あそ》ばせる

砂浴びをしてなくてもOK
思《おも》い思いに過《す》ごさせて

中《なか》には砂を用意しても、砂浴びしない子《こ》や、穴《あな》を掘《ほ》るのが好《す》きな子などいろいろなタイプのハムスターがいます。ハムスターの好きなように過ごさせましょう。

砂浴びタイムもハムそれぞれ。

3 適当《てきとう》な時間《じかん》で片付《かたづ》ける

入れっぱなしにしていると
トイレにしちゃうことも

砂浴び容器は入れっぱなしにせず、終《お》わったら片付けるようにしましょう。ずっと入れておくと、トイレとして使《つか》ってしまう子が多いようで、衛生面が心配《しんぱい》です。ケージに常設《じょうせつ》する場合《ばあい》、砂を定期的《ていきてき》に交換《こうかん》し、砂浴び場を衛生的に保《たも》つように注意《ちゅうい》してください。

しぐさでわかるハムスターの気持《きも》ち

いろんなしぐさがあるんだよ。

気持ちによって、いろいろなしぐさや表情《ひょうじょう》を見《み》せるハムスター。言葉《ことば》を話《はな》さないかわりに、ハムスターの気持ちを、これらのしぐさから読《よ》み取《と》ってあげるようにしましょう。

基本《きほん》のしぐさ

ふだんの生活《せいかつ》でよく見られるハムスターの基本的《てき》な動作《どうさ》を集《あつ》めました。「かわいいなあ」と楽《たの》しく見ながら、変《か》わったようすがないかも毎日《まいにち》チェックしましょう。

立《た》つ

物《もの》をつかむなど前足《まえあし》を使《つか》っているときに二本《にほん》足で立つほかに、写真《しゃしん》のように、後《うし》ろ足をふんばって背筋《せすじ》をピンと伸《の》ばす立ち姿《すがた》も見られます。

座《すわ》る

よっこいしょ！

壁《かべ》に寄《よ》りかかって座ることもありますが、何《なに》もないところでも安定《あんてい》してちょこんとお座りできます。座って居眠《いねむ》りすることもあります。

歩《ある》く

危険《きけん》がないところでは、トコトコ歩きます。安全《あんぜん》が確認《かくにん》できていないところだと、壁沿《ぞ》いに歩いたり、身《み》を低《ひく》くし床《ゆか》に伏《ふ》すようにして慎《しん》重《ちょう》に歩きます。

食《た》べる

大《おお》きめの食べ物を前足でしっかり持って食べる姿はかわいらしい。ヨーグルトなどやわらかい物は、スプーンや手にとって直接《ちょくせつ》食べさせます。

においをかぐ

目《め》が弱《よわ》いので、においで相手《あいて》を判断《はんだん》します。食べ物のにおいもかぎますが、食べてはいけない物の判断は自分《じぶん》ではできません。

ほおぶくろいっぱいにほおばる

単独《たんどく》で生活《せいかつ》していても、食べ物をほおぶくろに入《い》れ、隠《かく》し場所《ばしょ》に運《はこ》ぶ習性《しゅうせい》があります。一度《いちど》ほおばった物は、唾液《だえき》のにおいがついて安心するのか、再《ふたた》びほおぶくろに入れることはあまりありません。

狭《せま》いところに入《はい》り込《こ》む

ハムスターは狭いところに入り込むのが好《す》き。トイレットペーパーのしんなどを入れておいてあげると喜《よろこ》んで入ります。

回《まわ》し車《ぐるま》で走《はし》る

ハムスターが元気《げんき》になる夕方《ゆうがた》から夜《よる》、回し車を全速力《ぜんそくりょく》で走る姿《すがた》が見《み》られます。人《ひと》が寝静《ねしず》まった後《あと》も、一晩《ひとばん》中《じゅう》カラカラ音《おと》が聞《き》こえます。

のぼる

金網《かなあみ》ケージだと思《おも》わずのぼってしまう子《こ》がいますが、事故《じこ》が心配《しんぱい》です。あまり高《たか》いところまでのぼらせないようにしましょう。

掘《ほ》る

野生《やせい》では地中《ちちゅう》に巣穴《すあな》を掘っていたため、本能的《ほんのうてき》に穴を掘りたい欲求《よっきゅう》があります。市販《しはん》の砂や土《つち》で穴掘り遊《あそ》びをさせてあげてもよいでしょう。

好奇心《こうきしん》

人の手《て》のにおいをかいだり、食《た》べられる物《もの》かかじって確認《かくにん》してみたり、好奇心を見せるハムスター。しかし、基本《きほん》は怖《こわ》がりだから、危険《きけん》がありそうな気配《けはい》があれば、すぐに逃《に》げ出《だ》します。

耳《みみ》をピンと立《た》てる

「ん？　何《なん》の音《おと》だ？？」と、周囲《しゅうい》の音を聞《き》くために耳をピンと立てると、人間には聞こえない高《こう》周波《しゅうは》の音まで聞き分《わ》けることができます。

顔《かお》を上《あ》げてキョロキョロ

ヒゲを立てる

神経《しんけい》が発達《はったつ》していてアンテナのような役割《やくわり》を果《は》たすヒゲ。ヒゲを立てて、超音波を感《かん》じ取《と》り仲間《なかま》と交信《こうしん》することもできます。

何だ？
何だ？

キョロキョロしていても、目《め》はあまり見えていません。耳をすまして、周囲の音を聞いているのです。一点《いってん》を見つめている場合《げあい》もあります。

リラックス中《ちゅう》

危険《きけん》がない環境《かんきょう》でストレスを感《かん》じずに、安心《あんしん》して過《す》ごすのが、ハムスターの長《なが》生《い》きの秘訣《ひけつ》かもしれません。心《こころ》を許《ゆる》してこんなリラックスした姿《すがた》を見《み》せてくれたら、飼《か》い主《ぬし》冥利《みょうり》に尽《つ》きますね。

毛《け》づくろい

毛づくろいには、体《からだ》の汚《よご》れを取《と》る、自分《じぶん》のにおいをつける、体温調整《たいおんちょうせい》をするなどの理由《りゆう》があります。とてもリラックスした状態《じょうたい》でしか見られない行為《こうい》です。

あおむけに寝《ね》る

動物《どうぶつ》がおなかを見せてあおむけに眠《ねむ》るのは、かなり安心しきっている証拠《しょうこ》。幸《しあわ》せな時間《じかん》を邪魔《じゃま》しないように、静《しず》かに眠らせておいてあげましょう。

座《すわ》ったまま寝る

座ったままぐっすり、くるみさんちのきんくん（♂・ゴールデン）。毛づくろいや食事《しょくじ》中《ちゅう》に、眠たくなってそのまま眠ってしまう姿もよく見られます。

おなかのお手《て》入《い》れ

両前足《りょうまえあし》や口《くち》を使《つか》って毛づくろいするほか、届《とど》かないところは後《うし》ろ足を使うことも。体がやわらかいので全身《ぜんしん》くまなくお手入れできます。

顔《かお》や前足を洗《あら》う

両前足をこすりあわせて清潔《せいけつ》にしようとするしぐさや、前足を頭の後ろから前に向かって動《うご》かしわしわしと顔を洗うしぐさもかわいらしい。

あくび

寝《ね》起《お》き後《ご》に見られる大《おお》きなあくび。口の中《なか》まで豪快《ごうかい》に丸見《まるみ》えです。見ているこっちにまでうつってしまいそう。伸《の》びをする姿が見られることもあります。

怖《こわ》い！

ハムスターの恐怖心《きょうふしん》や不安感《ふあんかん》の表《あらわ》れであるしぐさを知《し》っておきましょう。ハムスターを触《さわ》っているときに、これらのサインが見《み》られたら、すぐに手《て》を離《はな》して。

立《た》ち止《ど》まる

片足《かたあし》を上《あ》げたまま、周囲《しゅうい》に危険《きけん》がないか警《けい》戒《かい》しています。逃《に》げ出《だ》そうかどうしようか迷《まよ》っているところです。

前《まえ》足を上げて、首《くび》をすくめる

びっくりすると、前足をうかせ首をすくめたまま固《かた》まってしまいます。急《きゅう》に触ったり、大《おお》きな音《おと》をたてないように注意《ちゅうい》して。

首をすくめて、逃げる体勢《たいせい》

危険を察知《さっち》し、逃げ出す機会《きかい》をうかがっています。何《なに》かハムスターを怖がらせるようなことをしましたか？　しばらく構《かま》わないようにしてあげましょう。

あおむけで暴《あば》れる

触るとに急にクルッとひっくり返《かえ》っておなかを見せる。これは機嫌《きげん》が悪《わる》かったり怒《おこ》っているときのサイン。それ以上《いじょう》触らないようにしましょう。

歯《は》をむき出《だ》す

自分《じぶん》の身《み》を守《まも》るため、攻撃態勢《こうげきたいせい》になっています。「かむぞ！」のサインなので、ここで手出《てだ》しをしないように。落《お》ち着《つ》くまでそっとしておいて。

おなかを出して キーキー鳴《な》く

怖くてとても興奮《こうふん》している状態《じょうたい》です。相手《あいて》を威嚇《いかく》するために「キーキー」鳴いています。落ち着くまで、手出しをしないようにしましょう。

知《し》っておこう! ハムスターの鳴き声《こえ》

キーキー

ふだんあまり鳴かないハムスターですが、興奮しているとき、痛《いた》いとき、怖いときは「キーキー」と鳴きます。これは一番《いちばん》よく聞《き》かれる鳴き声で、おなかを見せて鳴くことも。

キキッ　ジッジッ

相手を恐《おそ》れていたり、驚《おどろ》かせようとしたりするとき「キキッ」「ジジッ」と鳴くことがあります。触ろうとしてこのように鳴かれたら、怖がっているのでやめましょう。

助《たす》けて！

「怖《こわ》い」「具合《ぐあい》が悪《わる》い」をハムスターは言葉《ことば》で伝《つた》えられません。しぐさや動作《どうさ》から、ハムスターが出《だ》すサインを受《う》けとって、早《はや》めに対処《たいしょ》するようにしましょう。

かむ

慣《な》れないうちにケージに手《て》を入《い》れると、警戒《けいかい》心《しん》の強《つよ》い子《こ》はかみます。根気《こんき》よく慣らすことが必要《ひつよう》。懐《なつ》いていた子が急《きゅう》にかむようになったら体調《たいちょう》の変化《へんか》を訴《うった》えている可能性《かのうせい》も。

必要なら病院へ！

ハムスターは体《からだ》が小《ちい》さい分《ぶん》、病気《びょうき》の進《しん》行《こう》も早いのです。おかしいと思ったらすぐに病院へ連《つ》れて行《い》きましょう。

表情《ひょうじょう》がさえない

ハムスターは弱味《よわみ》を見《み》せない動物《どうぶつ》。飼《か》い主《ぬし》さんが見て表情がさえないと思《おも》うときは、具合が悪い可能性大《だい》。症状《しょうじょう》が進《すす》んでいる場合《ばあい》も多《おお》いのですぐに病院《びょういん》へ。

呼吸《こきゅう》が荒《あら》い

いつもは静《しず》かに呼吸をしているハムスターの息《いき》に音《おと》が混《ま》じるときは、病気の可能性も。また、呼吸が荒いのは温度《おんど》が高《たか》いせいかもしれないので室温《しつおん》のチェックを。

ハムスターが元気《げんき》でいられるのは 24℃前後《ぜんご》。夏《なつ》の暑《あつ》い日《ひ》も 28℃を超《こ》えないよう注意《ちゅうい》。

知《し》っておこう!
ハムスターがかむ理由《りゆう》

その① 慣れていないと、防御《ぼうぎょ》や興味《きょうみ》で手にかみつくことが

慣れないうちは、ケージに入ってきた手を警戒して攻撃《こうげき》します。また、かぎなれないにおいのする手の正体《しょうたい》を探《さぐ》ろうと、興味からかむ子もいます。どちらの場合も、慣れるまである程度《ていど》の時間《じかん》をかけ、ハムスターのいやがることをしなければ、いずれはかまないようになります。

その② 慣れていても、望《のぞ》まないことをされるとかむことが

すっかり慣れたはずなのに、かまれるとショックはより大きいもの。けれども、ハムスターは嫌《きら》いでかむわけではなく、触《さわ》られたくないところに触られたとか、散歩《さんぽ》の邪魔《じゃま》をする「障害物《しょうがいぶつ》」をどかすためとか、何《なに》か原因《げんいん》があるはずなのです。自分《じぶん》の行《おこな》いを振《ふ》り返《かえ》ってみましょう。

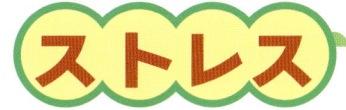

ストレス

快適《かいてき》に過《す》ごしてほしいのに、知《し》らずにハムスターのストレスになることをしている場合もあるかも。そうならないよう、ストレスサインを理解《りかい》しましょう。

鳴《な》く

かわいいからと、無理《むり》におなかを触ったりしていませんか。「ジジッ」「キキッ」と鳴いたら、ストレスを感《かん》じているサイン。すぐにやめましょう。

ケージをかじる

飼育環境《しいくかんきょう》の不満《ふまん》や外《そと》に出《で》たいストレス、飼《か》い主《ぬし》さんの気《き》を引《ひ》きエサをもらうなどの理由が考《かんが》えられます。歯《は》のかみ合《あ》わせが悪くなる原因なので、ほうっておかないこと。

ケージを水槽《すいそう》にするという解決策《かいけつさく》だけでなく、飼育環境を見直《みなお》し、お散歩の習慣《しゅうかん》がある子なら毎日《まいにち》外に出して、ストレスの軽減《けいげん》を図《はか》りましょう。

ハムスターのストレスについて理解《りかい》しよう

ぼくたちは、こんなものが苦手《にがて》だよ。

苦手なものや相性《あいしょう》が悪《わる》いものにさらされ続《つづ》ければ、元気《げんき》がなくなってしまいます。あまり神経《しんけい》質《しつ》に考《かんが》えすぎてもいけませんが、ハムスターが苦手なものは理解しておきましょう。

ハムスターはこんなものが苦手です

犬《いぬ》

「優《やさ》しい犬だから大丈夫《だいじょうぶ》」と人間《にんげん》が思《おも》っても、被捕食動物《ひほしょくどうぶつ》であったハムスターにとっては基本的《きほんてき》にストレスです。部屋《へや》は別々《べつべつ》にしましょう。

小《ちい》さい子《こ》ども

扱《あつか》いを知《し》らない子どもだと、思《おも》わぬケガをさせてしまうことも。大人《おとな》が注意《ちゅうい》して見《み》ていましょう。赤《あか》ちゃんは近《ちか》づけないように。

猫《ねこ》

ねずみを追《お》う猫は、同《おな》じげっ歯類《しるい》のハムスターの天敵《てんてき》。どんなに懐《なつ》いた猫であっても、いつ野性本能《やせいほんのう》が目覚《めざ》めるかわかりません。

振動《しんどう》

ハムスターは振動も苦手。人《ひと》の足音《あしおと》もハムスターにとっては結構《けっこう》な振動になるので、部屋の出入《でい》りなどにも注意して。

大声《おおごえ》

ハムスターは静《しず》かな環境《かんきょう》を好《この》み、騒《さわ》がしいのが苦手です。家族《かぞく》が集《あつ》まるリビングや、子ども部屋では落《お》ち着《つ》かないかも。

こんなことも
ストレスになります

暑《あつ》さ寒《さむ》さ

体温調節《たいおんちょうせつ》ができないハムスターは、暑すぎても寒すぎても体《からだ》に悪影響《あくえいきょう》。夏《なつ》も冬《ふゆ》もなるべく一定《いってい》の温度《おんど》を保《たも》つように。

湿気《しっけ》

梅雨時期《つゆじき》は注意が必要《ひつよう》。湿気がこもる浴室《よくしつ》・トイレ・キッチンにはケージを置《お》かないで。

OA、AV機器《きき》

騒音《そうおん》が苦手なので、ケージの置き場所《ばしょ》はOA、AV機器の周辺《しゅうへん》を避《さ》けましょう。

防水《ぼうすい》スプレー

ハムスターのいる部屋では使用《しよう》せず、別の部屋で使ってもすぐに換気《かんき》を。吸《す》い込《こ》むと呼吸器《こきゅうき》がやられてしまいます。

ドアの開閉《かいへい》

ドアの振動が伝《つた》わったり温度変化《へんか》が起《お》こったりするので、ドア付近《ふきん》にケージは置かないで。散歩中《さんぽちゅう》は、外《そと》からも中《なか》からもドアの開閉はしないように。

ケージの移動《いどう》

ハムスターは大きな揺《ゆ》れが苦手。お掃除《そうじ》のためにケージを移動させる際《さい》には、左《さ》右上下《ゆうじょうげ》になるべく揺らさないよう、水平《すいへい》にしてそっと運《はこ》びましょう。

明《あか》るい夜《よる》

正確《せいかく》な体内時計《たいないどけい》を持《も》つハムスターですが、夜になっても明るい部屋では調子《ちょうし》が狂《くる》ってしまうことも。昼《ひる》は明るく夜は暗《くら》い部屋が飼育《しいく》には適《てき》しています。

散歩《さんぽ》できない

散歩を覚《おぼ》えたハムスターが、外《そと》に出《だ》してもらえないのは相当《そうとう》なストレス。ケージをかじったり何《なん》とか外に出《で》ようとします。散歩は毎日《まいにち》させてあげましょうましょう。

ハムスターのしつけをしよう

トイレを覚《おぼ》えられるよ。

ハムスターにトイレを使《つか》わせたいと考《かんが》えるなら、本能《ほんのう》をうまく利用《りよう》して、しつけることは可能《かのう》です。基本的《きほんてき》なしつけ方《かた》をおさえましょう。

ハムスターにしつけはできるの？

犬《いぬ》のように、しかったりほめたりしてしつけることはできませんが、決まった場所《ばしょ》で排《はい》せつをする習性《しゅうせい》を利用した「トイレのしつけ」は可能です。ハムスターの性質《せいしつ》を理解《りかい》し、トイレの準備《じゅんび》や置《お》き場所を考えるのがしつけ成功《せいこう》の鍵《かぎ》。巣箱《すばこ》をトイレにしてしまったら、それはトイレとして使わせて、別《べつ》の巣箱を用意《ようい》するなど、しつけは寛容《かんよう》に考えましょう。

トイレじゃないところで一回《いっかい》すると、においがついてしまうから、切《き》り替《か》えるのは難《むずか》しいかも。

ハムスターにトイレをしつけてみよう

使用《しよう》するもの

砂《すな》が入《はい》る容器《ようき》であれば何《なん》でもOK。ハムスターの体《からだ》の大《おお》きさに合《あ》ったものを用意します。フードつきも落《お》ち着《つ》くのでおすすめです。

砂は必《かなら》ず固《かた》まらないタイプにしましょう。砂の粒《つぶ》は小《ちい》さいほうが、喜《よろこ》んで使ってくれるようです。

注意！

ハムスターは、とにかくにおいに敏感《びんかん》。トイレにほかのハムスターのにおいや、人間《にんげん》のにおいがついてしまっていると、使ってくれなくなるようです。芳香剤《ほうこうざい》のにおいがする砂も好《この》みません。

しつけ方

ケージの隅《すみ》のほうやオシッコをしていた場所にトイレを置いておけば、何も教《おし》えなくてもトイレとして利用します。オシッコのにおいがついた床材《ゆかざい》を利用して教《おし》える方法《ほうほう》もおすすめ。おくびょうな性格《せいかく》の子《こ》は巣箱の中でオシッコをしてしまうので、トイレまでの動線《どうせん》を見えないようにするなど工夫《くふう》をしてあげましょう。

オシッコのにおいのついた床材をトイレの中《なか》に入れておいてあげれば、においを手がかりにそこをトイレと認識《にんしき》します。

ワンポイントアドバイス

トイレが気持《きも》ちよくて、そこで長時間過《ちょうじかんす》ごしている場合《ばあい》は、トイレよりも巣箱が快適《かいてき》な場所になっているか見直《みなお》してみましょう。夏場《なつば》は砂が涼《すず》しいので、トイレで過ごす子が多《おお》くなりがちです。

ハムスターは名前《なまえ》を覚《おぼ》えるの?

ハムスターに人間の言葉《ことば》はわかりませんが、何かお世話《せわ》をするときは、名前を呼《よ》びながら行《おこな》ってください。ケージの中に急《きゅう》に手《て》を入《い》れられるのはストレスなので、お世話をするという予告《よこく》の意味《いみ》もあります。名前を呼ばれたときにエサがもらえるなど、よいことがあると覚《おぼ》えると、言葉はわからなくても音《おと》で自分《じぶん》の名前をよいイメージと一緒《いっしょ》に覚えるようになります。

知《し》っておこう! ハムスターはなぜ決まった場所でオシッコをするの?

野生《やせい》では、オシッコをしている最中《さいちゅう》に敵《てき》に狙《ねら》われないよう、安全《あんぜん》な巣《す》穴《あな》の中にトイレを作《つく》り、そこを排《はい》せつ場所と決めていました。決められた場所でしかオシッコをしないのには理由《りゆう》があります。一つは、巣穴を清潔《せいけつ》に保《たも》つため。もう一つは、自分のオシッコのにおいで、敵に居《い》場所を悟《さと》られないようにするため。オシッコほどにおわないウンチは、どこにでもします。

お留守番《るすばん》のさせ方《かた》

ちゃんと
準備《じゅんび》して
出《で》かけてね。

ハムスターは毎日《まいにち》お世話《せわ》する必要《ひつよう》がありますが、短《みじか》い期間《きかん》ならお留守番も可能《かのう》です。お出かけや旅行《りょこう》のときにはお留守番の準備をきちんとしていきましょう。

1～2日くらいならお留守番は可能

旅行やお出かけをする前《まえ》に、ハムスターのお世話をどうするかを考《かんが》えなければいけません。食事《しょくじ》や温度《おんど》に気《き》を付《つ》けるようにすれば、1、2日ハムスターにお留守番をさせることは可能です。短い旅行なら、無理《むり》に連《つ》れて行《い》くよりも、家《いえ》に置《お》いていったほうが負担《ふたん》は少《すく》ないでしょう。可能であれば、知《し》り合《あ》いやペットシッターさんにお世話を頼《たの》んでおくとより安心《あんしん》です。

ぼくたちは、1匹《ぴき》でもさみしいとは思《おも》わないんだ。きちんと準備をしたら、安心して出かけてきて。

お留守番させるときは2つのことに注意《ちゅうい》

1 エサと水《みず》の準備

エサと水は切《き》らさないように

エサ入《い》れに、くさりにくい固形《こけい》ペレットを必要な日数分《にっすうぶん》入れておきます。涼《すず》しい季節《きせつ》であっても、野菜《やさい》などのくさりやすい食《た》べ物《もの》は入れておかないほうがよいでしょう。水も切らさないようたっぷり入れておきます。

ペレットはくさりにくいので、多《おお》めに入れておいても安心。

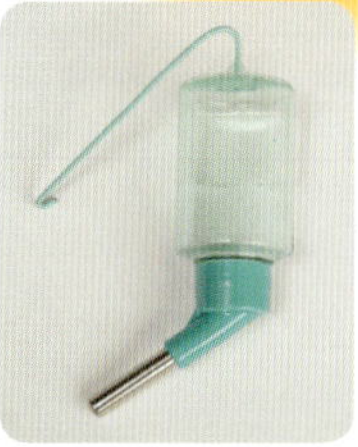

ボトルいっぱいに水を入れておけば切らす心配《しんぱい》がありません。

2 温度管理《かんり》

ハムスターのお留守番は なるべく春《はる》か秋《あき》に

エサ以外《いがい》に心配なのが、湿《しつ》度《ど》・温度の管理。エアコンは入れたままにして、室温《しつおん》は一定《いってい》になるようにしておきます。ハムスターに長《なが》い時間《じかん》お留守番させるのは、気候《きこう》のいい春か秋にしましょう。真夏《まなつ》や真冬《まふゆ》に出かけるときは、できるだけだれかにお世話を頼むようにしましょう。

ハムスターが快適《かいてき》に過《す》ごせる20～25℃くらいになるように、エアコンなどで部屋《へや》の温度を調整《ちょうせい》して。エアコンの風《かぜ》は直接《ちょくせつ》あたらないよう注意。

春や秋であっても、夜《よる》になって急激《きゅうげき》に冷《ひ》え込《こ》むことがあります。自分で温度調節《ちょうせつ》ができるように、巣材《すざい》を多めに入れておいてあげましょう。

お世話を頼める人を探《さが》しておこう

1、2日の外出《がいしゅつ》のつもりが、思《おも》いがけないトラブルで帰《かえ》れなくなった場合《ばあい》、ハムスターのお世話を頼める人はいますか？　また、エアコンをつけたままにして出かけても、停電《ていでん》などのトラブルで止《と》まってしまうこともあるかもしれません。いざというときにお世話を頼める知人《ちじん》やペットシッターさんを探しておいて、出かける前に一声《ひとこえ》かけておくと安心です。

もしものときのために

もしものときにお世話を頼めるよう、事前《じぜん》にお願《ねが》いしておきましょう。

お世話に来《き》た人がわかる場所《ばしょ》にエサを置いておきましょう。

してほしいお世話内容《ないよう》がわかるよう、メモを残《のこ》しておきましょう。

人《ひと》に預《あず》けるときは

ケージごと
預けてね。

3日以上《みっかいじょう》や、真夏《まなつ》・真冬《まふゆ》に出かけるときは、ほかの人にお世話《せわ》をお願《ねが》いします。ペットホテルやよその家《いえ》にハムスターを預ける場合《ばあい》に注意《ちゅうい》することを確認《かくにん》しておきましょう。

ペットホテルに預ける

ハムスターを預かるペットホテルの数《かず》は、それほど多《おお》くありません。あらかじめ情報収集《じょうほうしゅうしゅう》をしておき、安心《あんしん》して預けられるホテルを探《さが》しておくと、いざというときに慌《あわ》てずにすみます。可能《かのう》ならペットシッターを頼《たの》み、家でお世話をしてもらうのがいちばん負担《ふたん》が少《すく》ない方法《ほうほう》です。

預ける前《まえ》には健康診断《けんこうしんだん》を受《う》けて

ペットホテルや動物病院《どうぶつびょういん》によっては、事前《じぜん》の健康診断が預かり条件《じょうけん》になっているところも。ハムスターはデリケートな動物。安心して預けるため、病気《びょうき》がないかをきちんと調《しら》べておきます。

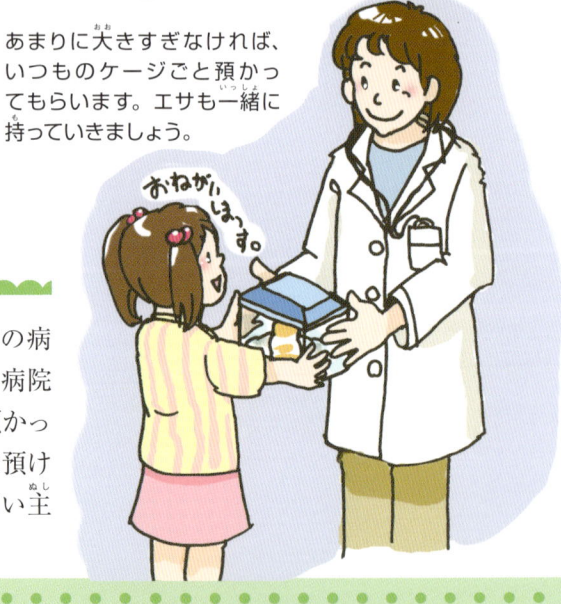

なるべくいつものケージごと預けてね。犬《いぬ》や猫《ねこ》は遠《とお》くにいて近寄《ちかよ》ってこなければ大丈《だいじょう》夫《ぶ》だよ。

動物病院に預ける

病気があったり、薬《くすり》を飲《の》んでいる子《こ》は、かかりつけの病院で預かってもらうのが安心。預かり制度《せいど》がある動物病院の数もあまり多くはありませんが、健康診断とセットで預かってくれる場合もあるようです。かかりつけの病院以外《いがい》に預けるときは、日ごろのお世話などをきちんと伝《つた》えるのが飼《か》い主《ぬし》さんの責任《せきにん》です。

おねがいしまっす。

あまりに大《おお》きすぎなければ、いつものケージごと預かってもらいます。エサも一緒《いっしょ》に持《も》っていきましょう。

知《し》り合《あ》いに預ける

知り合いに預けるときは、できればハムスターの飼《し》育経験《いくけいけん》のある人にお願いするとよいでしょう。いつも利用《りよう》しているケージごと預かってもらい、エサもいつもと同《おな》じものをあげてもらうようにします。ハムスターによって生活《せいかつ》ぶりは違《ちが》いますので、右《みぎ》のように簡単《かんたん》なメモを添《そ》えておけば完璧《かんぺき》です。

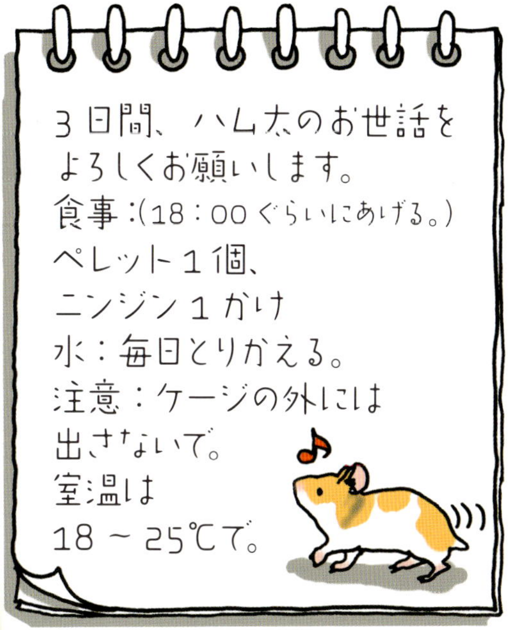
3日間、ハム太のお世話を
よろしくお願いします。
食事：(18：00ぐらいにあげる。)
ペレット1個、
ニンジン1かけ
水：毎日とりかえる。
注意：ケージの外には
出さないで。
室温は
18～25℃で。

ハムスターを飼《か》ったことがない家に預けるときは、エサの内容《ないよう》、量《りょう》のほかに、部屋《へや》の温度《おんど》や湿度《しつど》、ケージを置《お》く場所《ばしょ》、お世話の時間《じかん》や手順《てじゅん》など細かくメモに書《か》いてあげるようにしましょう。

飼育経験がない友《とも》だちに預ける場合、注意点《てん》を細《こま》かくメモして渡《わた》してあげよう。犬や猫などほかの動物がいない家のほうが安心して過《す》ごせるな。

知っておこう！ 人に預けられるのは、ハムスターにとってストレス？

ハムスターは1匹《ぴき》でもさみしいと思《おも》わないため、飼い主さんに置いていかれても大丈夫。自分《じぶん》がいつもと違う部屋にいることは、ケージ越《ご》しでも、においが違っていることでわかります。しかし、住《す》み慣《な》れたケージの中《なか》にいれば、それほどストレスはありません。預け先《さき》の縄張《なわば》りではない部屋でケージから出《だ》されるのは、ハムスターも不安《ふあん》ですし、事故《じこ》があってはいけません。散歩《さんぽ》の習慣《しゅうかん》がある子でも、預け先では外《そと》に出さないよう、預かってくれる人にお願いしましょう。

くんくん
なんかちがうニオイ……

ぼくたちは、優《すぐ》れたこの嗅覚《きゅうかく》で部屋のにおいをかぎ分《わ》けて、いつもと違う場所にいることに気付《きづ》くんだ。視力《しりょく》が弱《よわ》いから、目《め》で見て部屋を移動《いどう》したことがわかるわけではないよ。

一緒《いっしょ》にお出《で》かけするときは

お出かけは
移動《いどう》に気《き》を
付《つ》けてね。

旅行《りょこう》やお出かけに一緒に連《つ》れて行《い》きたい気持《きも》ちはわかりますが、ハムスターにとっては移動の負担《ふたん》とお留守番《るすばん》、どちらがよいか、飼《か》い主《ぬし》さんの責任《せきにん》で慎重《しんちょう》な判断《はんだん》が必要《ひつよう》です。

出かけても大丈夫《だいじょうぶ》かどうかは慎重に判断を

2日《ふつか》以上《いじょう》家《いえ》をあけなければならないときは、一緒に行くという選択《せんたく》もありますが、長時間《ちょうじかん》の移動はハムスターに負担を強《し》いることになります。初《はじ》めてのお出かけは、長距離《ちょうきょり》移動は避《さ》けましょう。主《おも》な移動手段《しゅだん》は自動車《じどうしゃ》と電車《でんしゃ》の2つ。自動車は揺《ゆ》れが心配《しんぱい》ですが、ハムスターのようすを定期的《ていきてき》に確認《かくにん》できます。電車はようすの確認ができるか不安《ふあん》ですが、悪路《あくろ》を走《はし》る心配はありません。

NG《エヌジー》 こんなときは、お出かけNG

渋滞《じゅうたい》 車内《しゃない》の温度《おんど》が一定《いってい》なら大丈夫《だいじょうぶ》ですが、真夏の渋滞はやはり厳《きび》しい。

真夏《まなつ》 ただでさえ体力《たいりょく》の消耗《しょうもう》が激《はげ》しい季節《きせつ》。涼《すず》しい部屋《へや》にいさせてあげたいものです。

妊娠中《にんしんちゅう》 赤ちゃんを無事《ぶじ》に産《う》んでもらうために、体《からだ》に負担をかけてはいけません。

健康状態《けんこうじょうたい》が悪《わる》い なるべくそっとしておいてあげなければ、治《なお》るものも治らなくなります。

乗《の》り換《か》えが多《おお》い 乗り換えが多くしょっちゅう移動していると、振動《しんどう》で弱《よわ》ってしまいます。

お出かけする準備《じゅんび》をしよう

いつもの広《ひろ》いケージでは移動が大変《たいへん》なので、お出かけ用《よう》の小さいケージを用意《ようい》します。プラスチック製《せい》のキャリーケースが重《おも》くなくておすすめです。床材《ゆかざい》は新《あたら》しいものではなく、においがついたものを入《い》れて、安心《あんしん》させてあげましょう。巣箱《すばこ》を入れておくのであれば、動《うご》かないように固定《こてい》しておきます。また、水飲《みずの》みボトルは、移動中《ちゅう》は外《はず》しておくので、野菜《やさい》などで水分補給《すいぶんほきゅう》を。

お出かけ用のケージはプラスチックに。
回《まわ》し車《ぐるま》などの遊具《ゆうぐ》は外しておく。
においのついた床材を入れておく。

持《も》ち運《はこ》び

ケージを、通気性《つうきせい》がある大《おお》きな袋《ふくろ》に入れます。タオルなどでおおってあげると、薄暗《うすぐら》くて落《お》ち着《つ》きます。

ジッパー付袋
はむごはん
ホッ
なくなったら入れる

エサ

いつものエサを入れておき、ようすを見ながら加《くわ》えます。短《たん》時間の移動なら、たくさんあげる必要はありません。

夏
アイスノン
ひんやり
冬
使いすてカイロ

温度調節《ちょうせつ》

温度を一定に保つには、カイロや保冷《ほれい》剤《ざい》を使用《しよう》します。車《くるま》ならエアコンで調節してあげましょう。

移動中は…

30分《ぷん》に一度《いちど》はようすを確認

車なら停車《ていしゃ》して、電車なら周囲《しゅうい》の迷惑《めいわく》にならないところで、30分に一度、ハムスターのようすを確認してあげましょう。起《お》きていればお水を飲ませてあげたりします。眠《ねむ》っている場合《ばあい》でも、ぐったりしていないか注意《ちゅうい》して見てあげましょう。

到着《とうちゃく》したら…

いつものケージに戻《もど》してあげます

目的地《もくてきち》に到着したら、まずは移動用のケージからいつもの慣《な》れたケージに移《うつ》してあげましょう。ケージに入れて落ち着くまでは、ようすを気《き》にしながらそっとしておいて。元気《げんき》に動《うご》き回《まわ》るようすが見られるようになれば問題《もんだい》はありません。

ハムスターの老後《ろうご》のお世話《せわ》について

大切《たいせつ》にお世話をし、ご長寿《ちょうじゅ》ハムスターになってくれたら、飼《か》い主《ぬし》としては幸《しあわ》せですよね。年をとったハムスターのお世話は、若《わか》いときとはどう違《ちが》うのでしょうか？

1歳半《さいはん》を越《こ》えると、もう老後《ろうご》

まず、理解《りかい》しておきたいのはハムスターの平均寿命《へいきんじゅみょう》。ゴールデンハムスターでは2年弱《ねんじゃく》くらい、ドワーフハムスターは2年くらい生《い》きるといわれています。人間《にんげん》の一生《いっしょう》と比《くら》べると、悲《かな》しいことにかなり短《みじか》いのです。2年の命《いのち》だとしたら、1年半を越えるくらいですでに高齢《こうれい》といえます。若いときと比《くら》べて体《からだ》に変化《へんか》が見《み》られますので、お世話の仕方《しかた》も変《か》えるようにしましょう。

年をとると、こんな変化が見られます

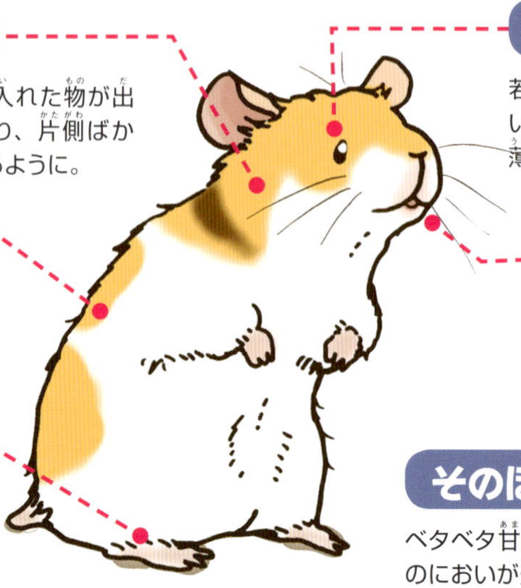

ほお

ほおぶくろに入《い》れた物《もの》が出《だ》せなくなったり、片側《かたがわ》ばかり使《つか》ったりするように。

目《め》

若くて健康《けんこう》なら目が光《ひか》っていますが、だんだん輝《かがや》きが薄《うす》れてきます。

毛並《けな》み

毛づくろいをしなくなり、毛並みは悪《わる》くなります。腹部《ふくぶ》の毛が薄《うす》くなることも。

歯《は》

歯のかみ合《あ》わせが悪くなったり、歯が抜《ぬ》けてしまったりします。

行動《こうどう》

足《あし》がヨボヨボして、なんとなく歩《ある》き方《かた》がおかしくなります。

そのほか

ベタベタ甘《あま》えて人懐《ひとなつ》こくなったり、体のにおいが違うということも。

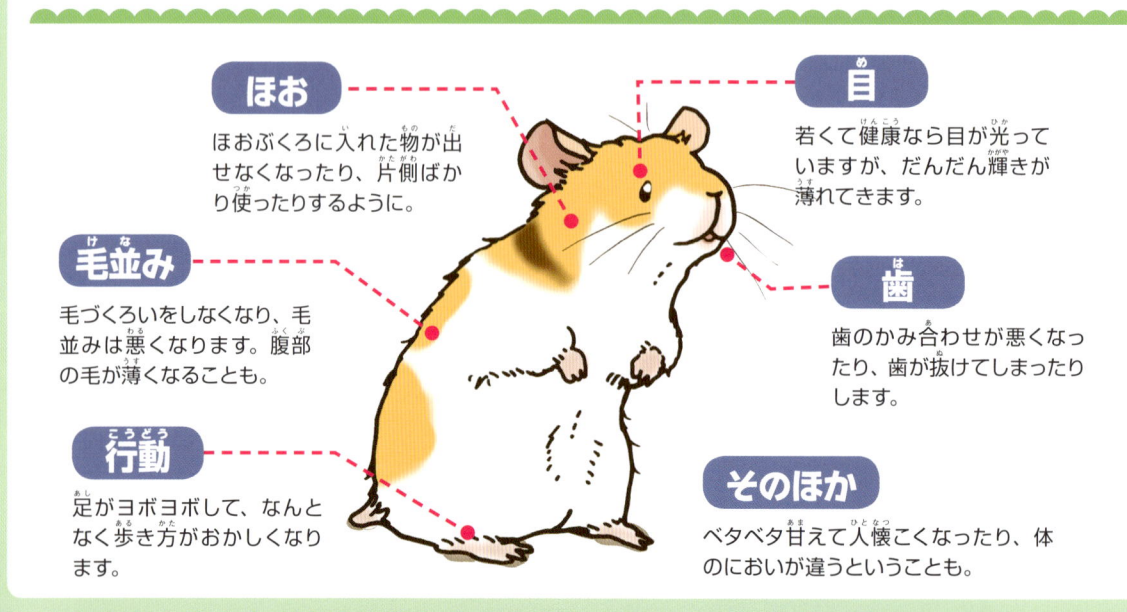

老ハムスターになったらお世話も変えよう

食事《しょくじ》 バランスのよい食事を食《た》べやすくして与《あた》える

ペレットと野菜《やさい》を中心《ちゅうしん》に栄養《えいよう》バランスよく与えましょう。歯が悪い子《こ》には、ペレットに水《みず》を加《くわ》えてふやかしたり、くだいたりしてあげます。リンゴをすったものもおすすめ。たんぱく質《しつ》、脂肪分《しぼうぶん》は控《ひか》えめに。

野菜を食べやすくするには、電子《でんし》レンジで加熱《かねつ》したり、細《こま》かく切《き》る方法《ほうほう》があります。栄養が偏《かたよ》らないよう、野菜は副食《ふくしょく》。主食《しゅしょく》はペレットで。

環境《かんきょう》 安全《あんぜん》にゆっくり過《す》ごせるように

足が弱《よわ》ってくるので床材《ゆかざい》が多《おお》いと歩きづらくなります。巣材《すざい》として使《つか》わせるなら端《はし》に固《かた》めておいて。段差《だんさ》をなくしバリアフリーにするために、エサ皿《ざら》などを床材に半分《はんぶん》うめてあげても。

ケージ内《ない》でのんびり過ごせるように、おもちゃはなるべく少《すく》なめに。温度管理《おんどかんり》には、若いとき以上《いじょう》に気《き》を使ってあげましょう。

身《み》だしなみ 自分《じぶん》で毛づくろいをしなくなることも

年をとると、自分で毛づくろいをしなくなり、毛並みが悪くなってしまうことも。いやがらなければ、飼い主さんがブラッシングをしてあげましょう。

病気《びょうき》にも注意《ちゅうい》して

年をとると、どうしても病気にかかりやすくなってしまいます。中でも、皮膚病《ひふびょう》、心臓病《しんぞうびょう》、生殖器《せいしょくき》の病気などにかかりやすくなります。高齢で体力《たいりょく》がおとろえてくると、免疫《めんえき》力《りょく》が低下《ていか》し、いったんかかった病気が治《なお》りにくくなり、それが命取《いのちと》りになってしまうこともあるのです。若いとき以上に病気にはかからないように気を付《つ》けてあげて、定期的《ていきてき》に病院で診察《しんさつ》してもらうようにしましょう。また、急《きゅう》な温度変化や環境の変化で、病気になってしまうこともあるので注意しましょう。

ぼくらは年をとってもあまり見た目に変化がないけれど、1歳半を過ぎると体は弱ってきているよ。定期的に健康診断《けんこうしんだん》を受《う》けさせてね。

こんなとき どうする？
お世《せ》話《わ》の Q《キュー》&《アンド》A《エー》

お世話の
困《こま》ったを
集《あつ》めたよ。

ハムスターを初《はじ》めて飼《か》うことになったら、とまどったり、いろいろ疑問《ぎもん》に思《おも》ったりすることは多《おお》いはず。よく聞《き》くお世話の疑問を集めました。

困ったクセ 編《へん》

Q1 かみぐせは治《なお》せますか？

かみぐせは根気《こんき》よく付《つ》き合《あ》えば、治すことが可《か》能《のう》。キャンベルハムスターやロボロフスキーは、一《いっ》般的《ぱんてき》にかむ種類《しゅるい》といわれていますが、ハムスターがかむのは大《おお》きな生《い》き物《もの》が怖《こわ》いから。起《お》きているときに名前《なまえ》を呼《よ》びながら、エサをあげることから始《はじ》めて、徐々《じょじょ》に人間《にんげん》は怖いものではないということをわからせてあげましょう。

Q2 脱走《だっそう》しようとするのですが……？

脱走ぐせがある子《こ》は散歩《さんぽ》を覚《おぼ》えてしまった子でしょう。そのような子は、自《みずか》ら逃《に》げ出《だ》す前《まえ》に、毎《まい》日《にち》散歩をさせてあげるようにしましょう。脱走しても、いつもの散歩コースから別《べつ》のところに行《い》ってしまったとは考《かんが》えにくいものです。たいていは自分《じぶん》からケージに戻《もど》ってくるので、そのときに、慌《あわ》てずに中《なか》に戻すようにしましょう。

Q3 エサを捨《す》てるのはなぜ？

　ペレットをあげても、食《た》べずにポイッと捨ててしまうことがあります。これは、ペレットではなくもっとおいしいものがあることを覚えてしまったために起こります。いつでも食べられるペレットは捨てて、ほかのおいしい物を探《さが》そうとするのです。ペレットしかないことがわかれば、それを拾《ひろ》ってきて食べるようになるので、どんなに欲《ほ》しがっても好物《こうぶつ》は与《あた》えず、食生活《しょくせいかつ》を改善《かいぜん》するようにしましょう。

Q4 巣箱《すばこ》の外《そと》で寝《ね》るようになりました。

　巣箱の中が、ハムスターにとって快適《かいてき》な環《かん》境《きょう》になっているか見直《みなお》しましょう。夏場《なつば》などは、巣箱が暑《あつ》くて、涼《すず》しいトイレ砂《すな》の上《うえ》で寝る子も多いです。衛生面《えいせいめん》が心配《しんぱい》なので、トイレを別《べつ》に用意《ようい》したり、巣箱にヒンヤリした石《いし》のプレートを入《い》れたりして対処《たいしょ》しましょう。

巣箱で寝なくても問題《もんだい》はありませんが、環境に問題があるなら、見直して改善策《かいぜんさく》を。

知《し》っておこう！ 脱走しようとするのは、飼《か》い方《た》に不満《ふまん》があるからではありません

　ハムスターが脱走するのは、単《たん》に縄張《なわばり》りの点検《てんけん》がしたいから。ハムスターは散歩中《ちゅう》、室内《しつない》に自分のにおいをつけて回《まわ》ります。このにおいをつけた縄張りを、毎日点検して安心《あんしん》したいのです。環境に不満があるわけでも、外の世界《せかい》に好奇心《こうきしん》があるわけでもありません。ですから、たいていは脱走してもしばらくしたら自分で戻ってきます。

お世話《せわ》編《へん》

Q5 仕事《しごと》で帰《かえ》りがおそいとき、エサはいつ与《あた》えたらいいですか？

決《き》まった時間《じかん》にエサをあげるのがお世話の基本《きほん》です。帰る時間が不規則《ふきそく》で、お世話時間がバラバラでは、エサをもらえると思《おも》って夕方《ゆうがた》目覚《めざ》めたハムスターが、おなかをすかせて待《ま》つはめに。毎日確実《まいにちかくじつ》にエサをあげることができる時間をお世話タイムにしてあげるのがよいでしょう。

遊《あそ》び編

Q6 回《まわ》し車《ぐるま》で遊びません。

回し車の大《おお》きさが体《からだ》に合《あ》っていないため、うまく回すことができない可能性《かのうせい》があります。ゴールデンハムスター用とドワーフハムスター用で大きさは異《こと》なりますので、それぞれの種類《しゅるい》に合ったものに替《か》えてあげましょう。大きさも合っているのに、正《ただ》しい使《つか》い方《かた》をせずに別《べつ》の遊び方をする子《こ》も中《なか》にはいます。ハムスター自身《じしん》がそれで満足《まんぞく》していそうならほうっておきましょう。

Q7 小《ちい》さな子どもが接《せっ》するとき、どんなことに注意《ちゅうい》すればよいですか？

力《ちから》の加減《かげん》がわからず、子どもがハムスターに思わぬケガをさせてしまうことはよくあります。飼育《しいく》に慣《な》れていない子どもがハムスターに接するときは、必《かなら》ず大人《おとな》が見《み》ていて、扱《あつか》い方を教《おし》えてあげましょう。ハムスターがいくらかわいくても、ぎゅっとつかんだり、触《さわ》りすぎたりしないように注意します。

困《こま》ったトラブル編

Q8 冬眠《とうみん》してしまったら、どうすればいいですか？

体が冷《つめ》たくなって死《し》んだように見えますが、冷静《れいせい》に見ればわずかに呼《こ》吸《きゅう》が認《みと》められます。ほうっておくとそのまま死んでしまう危険《きけん》な状態《じょうたい》なので、人間《にんげん》の手《て》のひらなどで温《あたた》めてあげて、なるべく早《はや》く蘇生《そせい》をさせます。完全《かんぜん》に目《め》覚《ざ》めたら、砂糖《さとう》をとかしたぬるま湯《ゆ》をなめさせましょう。

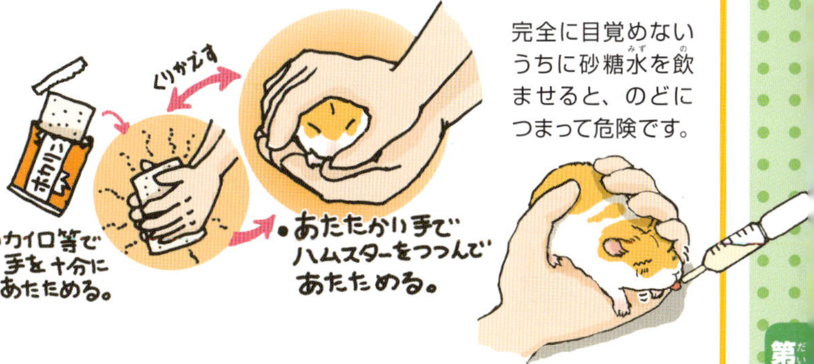

くりかえす
ホカロン
●カイロ等で手を十分にあたためる。
●あたたかい手でハムスターをつつんであたためる。
完全に目覚めないうちに砂糖水《みず》を飲《の》ませると、のどにつまって危険です。

Q9 急《きゅう》に懐《なつ》かなくなりました。

懐いていた子が急に懐かないというのは、どこか具合《ぐあい》が悪《わる》いことが心配《しんぱい》されます。体《たい》調《ちょう》が悪く身《み》を守《まも》ろうとして、よそよそしくなったりかんだりすることがあるからです。早《はや》めに病院《びょういん》へ行《い》きましょう。

あれ？
プイッ

知《し》っておこう！ 病院へ連《つ》れて行くときは

予約《よやく》が必要《ひつよう》な病院が多《おお》いので、なるべく早く電《でん》話《わ》をしましょう。ケージ内《ない》の温度《おんど》が一定《いってい》になるよう、カイロや保冷剤《ほれいざい》を使って、タオルで振動《しんどう》をおさえます。移動《いどう》は揺《ゆ》れが少《すく》なく、エアコンで温度管理《かんり》ができる車《くるま》がおすすめです。

タオル等でクッション代わりに。
通気
夏は保冷
アイスネン
冬はカイロなどで保温
水分補給のための野菜

ハムスター豆知識《まめちしき》その4

ハムスターの知能《ちのう》

飼《か》い主《ぬし》のことを認識《にんしき》できるの？

できます。飼い主の認識は、エサが最初《さいしょ》の入《い》り口《ぐち》だとしても、いつもお世話《せわ》をしてくれている人《ひと》を、ハムスターは理解《りかい》するようになります。「この声《こえ》でこのにおいで、このなめた感《かん》じの人は、悪《わる》いことをしないいい人」というように、ほかの人とは違《ちが》うということがわかります。なるべく一定《いってい》の声で呼《よ》びかけるのが、声を覚《おぼ》えてもらうコツ。

大《おお》きい種類《しゅるい》は知能が高《たか》い？

ゴールデンは人に懐《なつ》きやすく知能が高いと思《おも》われがちですが、「懐きやすい」という人間《にんげん》に都合《つごう》のよい能力《のうりょく》が高いせいでもあるようです。ほかの種《しゅ》だって負《ま》けないくらいの知能を持《も》っていて、方向感覚《ほうこうかんかく》などはどの種も大変優《たいへんすぐ》れています。

どのくらい学習《がくしゅう》能力があるの？

いやな目にあったことはきちんと記憶《きおく》するようです。例《たと》えば注射《ちゅうしゃ》を打《う》たれるなど病院《びょういん》でいやな目《め》にあうと、次《つぎ》に病院に行《い》ったとき、ハムスターは大騒《おおさわ》ぎをします。しかし、2回目《かいめ》の病院でいやなことが何《なに》もなければ、認識を改《あらた》める柔軟性《じゅうなんせい》も持っているようです。

賢《かしこ》いハムスターを育《そだ》てる方法《ほうほう》は？

人に懐くか懐かないかは元々《もともと》の性格《せいかく》によるところが大きいのですが、もし、人懐っこいハムスターなら、一緒《いっしょ》に遊《あそ》んでいるうちに人間が教《おし》えたことを覚えるようになることもあります。

ハムスターには災害予知《さいがいよち》能力がある？

視力以外《しりょくいがい》の感覚が優れているハムスター。わたしたちが地《じ》震《しん》を感《かん》じる前《まえ》の微細《びさい》な揺《ゆ》れもいち早《はや》くキャッチしています。もし、ハムスターに情報伝達《じょうほうでんたつ》能力があればすばらしいのですが。

第《だい》5章《しょう》

ハムスターの健《けん》康《こう》

ゴールデンハムスター

ケガ・病気《びょうき》から守《まも》ってあげよう

ハムスターの健康《けんこう》を守るため、何《なに》も特別《とくべつ》なケアが必要《ひつよう》なわけではありません。バランスのよい食事《しょくじ》と適度《てきど》な運動《うんどう》、そして清潔《せいけつ》なケージ。つまり、ふだんのお世話《せわ》が重要《じゅうよう》なのです。

ハムスターをケガや病気から守る3つの約束《やくそく》

1 毎日《まいにち》、お世話をしながらようすをよく観察《かんさつ》してね。

病気をきちんと治療《ちりょう》するには、早《そう》期《き》の発見《はっけん》が大切《たいせつ》なんだ。毎日、エサやお水《みず》を換《か》えたり、ケージ内《ない》のお掃除《そうじ》をしたりしながら、ぼくたちのようすに変化《へんか》がないかも確認《かくにん》してね。毎日観察していれば、ちょっとした体調《たいちょう》の変化にもすぐに気付《きづ》けるようになるよ。

2 ふだんから相談《そうだん》できる獣医《じゅうい》さんを探《さが》しておいて。

ハムスターをみてくれるお医者《いしゃ》さんは、まだそれほど多《おお》くはないんだ。いざというときに慌《あわ》てないよう、近《きん》所《じょ》でハムスターを診療《しんりょう》してくれるお医者さんを前《まえ》もって探しておいてね。元気《げんき》なときから健康診断《しんだん》に行《い》って、お医者さんにいろいろ相談しておくと安心《あんしん》だね。

3「おかしい」と思《おも》ったらすぐに病院《びょういん》に連《つ》れて行《い》ってね。

ハムスターは病気を隠《かく》そうとする動物《どうぶつ》だっていうことは知《し》っているよね。それに、病気の進行《しんこう》が早《はや》くて、あっという間《ま》に具合《ぐあい》が悪《わる》くなってしまうんだ。もし、具合が悪そうだとか、体《からだ》を痛《いた》そうにしていることに気が付いたら、できるだけ早く病院へ行ってね。

知《し》っておこう! ハムスターの寿命《じゅみょう》について

?? 1 ハムスターはどれくらい生《い》きるの？

ハムスターは、残念《ざんねん》なことに寿命が短《みじか》く、たった2～3年《ねん》で一生《いっしょう》を終《お》えてしまいます。野生《やせい》では、厳《きび》しい冬《ふゆ》の寒《さむ》さに耐《た》え切《き》れず、冬越《ご》しできずに死《し》んでしまうこともあるようです。

?? 2 ハムスターの寿命が短い理由《りゆう》は？

ハムスターより何百倍《なんびゃくばい》も大《おお》きな体を持《も》つ象《ぞう》の寿命は、なんと約《やく》70年。寿命の長《なが》い短いは、実《じつ》は心臓《しんぞう》が動《うご》く速《はや》さに関係《かんけい》があります。ハムスターや象などのほ乳類《にゅうるい》と鳥類《ちょうるい》は、一生の間《あいだ》に心臓が動く回数《かいすう》（心拍数《しんぱくすう》）はほぼ同《おな》じで、約15億回《おくかい》といわれています。ハムスターの体は小《ちい》さいので、血液《けつえき》が全身《ぜんしん》に回《まわ》るのが早く、心臓の動きも速くなります。つまり、短い年数《ねんすう》で心臓が15億回を打《う》ち終わってしまうのです。体の大きな象は、血《ち》がめぐるのが遅《おそ》いので、心臓の動きもゆっくりで、心臓が15億回を打ち終わるのに長い年数がかかります。このようにして、寿命の長さに差《さ》が出《で》てくるのです。怖《こわ》い思《おも》いや緊張《きんちょう》をすると心臓がドキドキしますよね？　ハムスターにより長生《ながい》きしてほしければ、心臓がドキドキすることがない穏《おだ》やかな環境《かんきょう》が必要になります。

くん
くん
ドキ
ドキ
ドキ
ドキ

病院帰《がえ》りのハムは……

我が家のハムはどの子も一度は動物病院のお世話になりました。
誤飲
腫瘍
骨折
ケンカの生傷
外耳炎・ヒフ炎
病院から帰宅後の様子は千差万別です。
zzz…
ひたすら寝るへいちゅう
薬を見ただけで逃げるこざさ
症状のわりに落ち込みの激しいウマノスケ
どよ～ん
オペ後過激度を増したたんくは…
いつまでお散歩禁止なんじゃ～
だせ～っ
ガチャ
ガチャ
ガチャ
ガチャ
脱走したあげく、だんな（ウマノスケ）の部屋にとびこみました
いくで～
ふつうハムスターは飛ばないようですが…
決して薬の副作用なんかではなくあくまで性格的なもののようです。

ハムスターの体《からだ》の仕《し》組《く》みを理《り》解《かい》しよう

ぼくたちの
体の秘密《ひみつ》
知《し》りたい？

ハムスターの体は、ハムスターの生活《せいかつ》に適《てき》した作《つく》りになっています。体の仕組みを知って、ハムスターがより健康《けんこう》に暮《く》らせるように気《き》を配《くば》りましょう。

骨《こっ》格《かく》

背骨《せぼね》が曲《ま》がっていて、体全体《ぜんたい》を平《ひら》たくできる骨格。どんなに狭《せま》い場所《ばしょ》でも入《はい》り込《こ》むことができます。脊髄《せきずい》の数《かず》は人間《にんげん》より多《おお》いです。

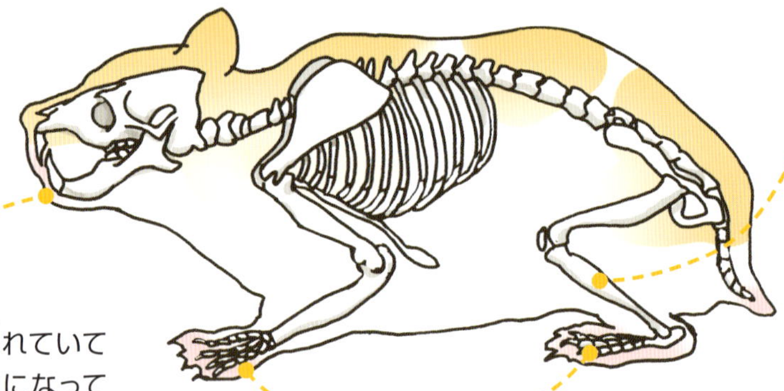

足《あし》

外《そと》から見《み》ると足が短《みじか》く見えますが、骨格を見ると実《じつ》は足長《あしなが》だとわかります。足を外に開《ひら》いて、体を平《たい》らにすることができます。

あご

あごの関節《かんせつ》は外《はず》れていて前後《ぜんご》に動《うご》くようになっています。頭《あたま》の骨格は小《ちい》さく、頭が通《とお》ればどこでも入り込むことができます。

足の指《ゆび》

前《まえ》足は使《つか》わない指が退化《たいか》して、5本《ほん》から4本に。その形跡《けいせき》がまだ残《のこ》っています。後《うし》ろ足の指は5本です。

ほおぶくろ

ほおの内側《うちがわ》の粘膜《ねんまく》で、伸縮自在《しんしゅくじざい》。ゴールデンならヒマワリの種《たね》を70粒程詰《つぶほどつ》め込めるそう。

歯《は》

全部《ぜんぶ》で16本。上下《じょうげ》の切歯《せっし》は一生《いっしょう》伸《の》び続《つづ》けますが、正常《せいじょう》に上下の切歯がそろっていれば自然《しぜん》と削《けず》れます。

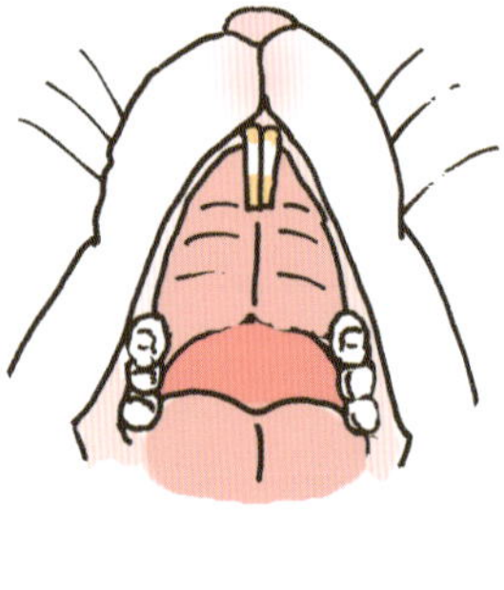

内臓《ないぞう》

胃《い》

食道《しょくどう》に続く前胃《ぜんい》と腺胃《せんい》の2つに分《わ》かれています。前胃には消化《しょうか》吸収《きゅうしゅう》を助《たす》ける微生物《びせいぶつ》がいて、腺胃は消化酵素《こうそ》を含《ふく》む胃液《いえき》を分泌《ぶんぴつ》。

腸《ちょう》

小《しょう》腸は大《だい》腸よりも長く、体長《たいちょう》の約《やく》2、3倍《ばい》。食《た》べ物《もの》を消化しやすいように、盲腸《もうちょう》と結腸《けっちょう》も太《ふと》く長くできています。

腎臓《じんぞう》

腎臓は、左右《さゆう》に1個《こ》ずつあります。少《すく》ない水《すい》分《ぶん》でも生《い》きていけるように、水分を循環《じゅんかん》させています。

心臓《しんぞう》

心拍数《しんぱくすう》は通常毎分《つうじょうまいふん》300～600回《かい》で、呼吸《こきゅう》数は毎分100～250回。数値《すうち》は、人間や、犬《いぬ》、猫《ねこ》と比《くら》べても、かなり高《たか》くなっています。

臭腺《しゅうせん》

ゴールデンは
背中《せなか》の左右《さゆう》
ドワーフは口《くち》の
両《りょう》わきとおなか

縄張《なわば》りマーキング用《よう》の分泌物《ぶつ》を出《だ》す部分《ぶぶん》。臭腺の発達《はったつ》はおとなの証《あかし》。特《とく》に繁殖期《はんしょくき》のオスは、分泌物が増加《ぞうか》し、さかんにこすりつけてマーキングを行《おこな》うため、臭腺のまわりの毛《け》がべたつきます。ゴールデンは臭腺が黒《くろ》く盛《も》り上《あ》がって目《め》立《だ》つようになり、ドワーフはへこみができます。

生殖器《せいしょくき》

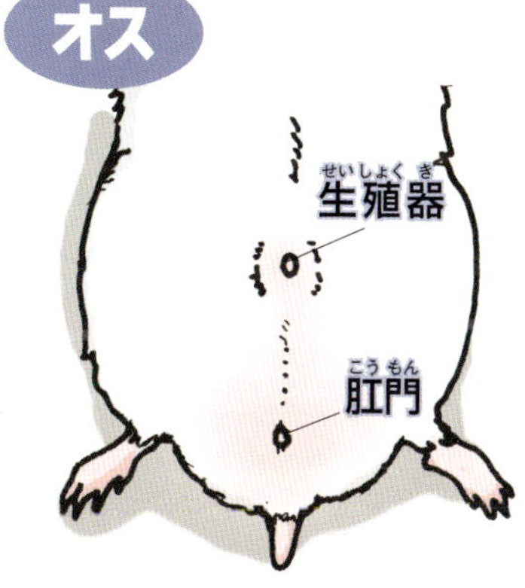
オス
生殖器《せいしょくき》
肛門《こうもん》

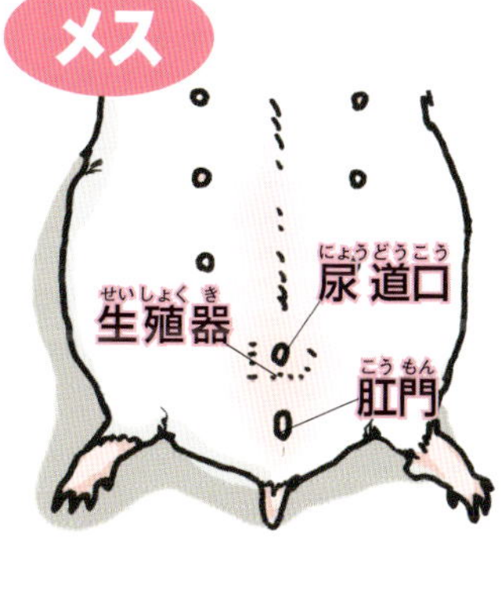
メス
尿道口《にょうどうこう》
生殖器《せいしょくき》
肛門《こうもん》

おとなになると、オスはこう丸《がん》が大《おお》きくなって目立つようになるので、オスメスの区別《くべつ》が容易《ようい》につきますが、子《こ》どものうちは区別が難《むずか》しいものです。一般的《いっぱんてき》には、肛門と生殖器の位置《いち》でオスとメスを見分《みわ》けています。オスは生殖器と尿道口が同《おな》じで肛門からは離《はな》れていて、メスはオスに比《くら》べて肛門と生殖器の位置が近《ちか》くなっています。

こんなとろに気《き》を付《つ》けて

ハムスターの健康《けんこう》チェック

目《め》	□ 目やには出《で》ていない?　□ 涙《なみだ》目になっていない? □ 白《しろ》くにごっていない?　□ 生《い》き生きしている?
耳《みみ》	□ 汚《よご》れや傷《きず》はない? □ くしゃくしゃになっていない?　ピンとなっている? □ かゆがっていない?
鼻《はな》	□ 呼吸《こきゅう》するとき異常《いじょう》な音《おと》がしていない? □ 鼻水《はなみず》は出ていない? □ クシャミをしていない?
口《くち》 ほおぶくろ	□ 口の周《まわ》りがよだれなどで汚れていない? □ 口から変《へん》なにおいがしていない? □ エサが入《はい》っていないのにはれていない? □ エサを食《た》べにくそうにしていない?
歯《は》	□ 切歯《せっし》が伸《の》びすぎていない? □ 曲《まが》がったり欠《か》けたりしていない?
足《あし》	□ 足をひきずって歩《ある》いていない?
つめ 指《ゆび》	□ つめは折《お》れていない? □ つめは伸びすぎていない?
しっぽ	□ 傷がついていない?
おしり	□ 周りが汚れていない?

毛《け》 皮膚《ひふ》	□ ハゲていない? □ 毛づやや毛並《けな》みはきれい? □ フケは出ていない? □ はれ・しこりはない?
生殖器《せいしょくき》	□ 周りは汚れていない? □ 血《ち》などは出ていない?
臭腺《しゅうせん》	□ 分泌物《ぶんぴつぶつ》が固《かた》まっていない?
フン	□ 軟便《なんべん》や下痢《げり》はしていない? □ 血が混《ま》じっていない? □ フンは小《ちい》さくなったり、量《りょう》が減《へ》ったりしていない?
オシッコ	□ 血が混じっていない? □ 量や色《いろ》などの状態《じょうたい》に変化《へんか》はない? □ においは？　臭《くさ》くない? □ オシッコが出ていないということはない?

そのほか	□ 体重《たいじゅう》に急激《きゅうげき》な増減《ぞうげん》はない?
	□ 食欲《しょくよく》はある?
	□ 水を飲《の》む量は増《ふ》えていない?
	□ おかしな動《うご》きをしていない?
	□ 元気《げんき》はある?
	□ 頭《あたま》や体《からだ》がななめになっていない?

※131ページの写真《しゃしん》モデルは椿《つばき》うららちゃん(♀・ジャンガリアン)。

見《み》逃《の》がさないで、具《ぐ》合《あい》が悪《わる》いときのサイン

具合が悪くなると、あっという間《ま》に病状《びょうじょう》が進行《しんこう》してしまうハムスター。体調《たいちょう》の変化《へんか》に早めに気付き、病院《びょういん》に連《つ》れて行《い》ってあげるようにしましょう。

ハムスターは具合の悪さを隠《かく》す動物《どうぶつ》です

野生《やせい》では、弱《よわ》っているものから、捕食《ほしょく》動物に狙《ねら》われてしまいます。このことを本能《ほんのう》として知《し》っているハムスターは、飼《か》い主《ぬし》さんに対《たい》しても、体《からだ》が弱っていることを隠そうとするのです。ハムスターが発《はっ》する体調不《ふ》良《りょう》のサインは、犬《いぬ》や猫《ねこ》に比《くら》べて多《おお》くはなく、気付くのは困難《こんなん》なことですが、毎日《まいにち》の観察《かんさつ》を日課《にっか》とし、ちょっとした変化を見逃さないように心《こころ》がけてください。

毎日、決《き》まった時間《じかん》に健康《けんこう》チェックを

慣《な》れている子《こ》は、手にとって体に変化がないか確認を。（写真《しゃしん》は、ゆるさくさんちの小梅《こうめ》ちゃん）

お世話《せわ》をするときに大切《たいせつ》なのは、毎日決まった時刻《じこく》に同《おな》じ手順《てじゅん》で行《おこな》うこと。同様《どうよう》に、健康確認《かくにん》も毎日決まった時刻に行ってください。同じ時刻に行うようにすると、いつも起《お》きてくる時間なのに起きてこない、遊《あそ》ぶ時間が短《みじか》いなど、ちょっとした変化にも気付けるようになります。体調だけでなく、飲食量《いんしょくりょう》やフンのようすなども確認しましょう。毎日のお世話とあわせて、体調に変《か》わったところはないか、健康確認も忘《わす》れずに行いましょう。

具合の悪さがわかる4つのポイント

食欲《しょくよく》

食欲のチェック

問題《もんだい》ない場合

- □ エサを全部《ぜんぶ》食べた。
- □ エサを少《すこ》しだけ（約《やく》１割程《わりてい》度《ど》）残している。

問題がある可能性《かのうせい》が高《たか》い場合

- □ エサをほとんど（半分《はんぶん》以上）残している。
- □ エサを全然《ぜんぜん》食べていない。

決まった量のエサを残しているときは、具合が悪い場合も。

食《た》べ残《のこ》しがあるときは要注意《ようちゅうい》

季節《きせつ》や成長《せいちょう》によって、ハムスターが必要《ひつよう》とする食事量《しょくじりょう》は変化します。しかし、体調が悪く食欲がない場合《ばあい》もありますので、気になったら早めに獣医師《じゅういし》に相談《そうだん》しましょう。必要な量以上《いじょう》を与《あた》えていれば食欲に関係《かんけい》なく残してしまうので、体調確認が正《ただ》しく行えません。

Point ハムスターがエサを残す理由《りゆう》として考《かんが》えられること

病気《びょうき》

綿《わた》などを食べてしまって腸閉塞《ちょうへいそく》になり、フンが出《で》ず、食欲が落《お》ちたり、歯《は》のかみ合《あ》わせが悪くて食べることができない場合もあります。

【対策】一刻《いっこく》を争《あらそ》う場合もありますので、早めに病院に連れて行ってください。

エサが多い、合わない

ひまわりの種《たね》など、好物《こうぶつ》ばかりを食べて、ペレットを食べ残すことがあります。

【対策】一度《いちど》食べなくても、ペレットしかないことがわかれば、食べるようになるはず。また、エサは必《かなら》ず適量《てきりょう》を与えましょう。肥《ひ》満《まん》は病気の元《もと》です。

季節・年齢《ねんれい》

冬《ふゆ》が終《お》わって暖《あたた》かくなると、脂肪《しぼう》を蓄《たくわ》える必要がなくなるので、あまり食べなくなります。また、老齢《ろうれい》にさしかかると必要な食事量が落ちます。

【対策】獣医師に相談しながら、季節や年齢によって食事量を調《ちょう》整《せい》しましょう。

体《たい》重《じゅう》

体重の極端《きょくたん》な増減《ぞうげん》は問題《もんだい》あり

おとなのハムスターになると、体重はほぼ一定《いってい》。体重が減《へ》り続《つづ》けたり、逆《ぎゃく》に増《ふ》え続けたりするのは要注意《ようちゅうい》です。やせてくるというのは病気《びょうき》の可能性《かのうせい》があります。腹水《ふくすい》がたまって体《からだ》がやせても体重は変《か》わらない場合《ばあい》もありますので、体重の増減だけでなく、見《み》た目《め》で体がやせてきていないかも注意しましょう。

体重のチェック

問題ない場合

- [ ] 毎日《まいにち》ほんの何《なん》 g か体重が増減する。

問題がある可能性が高《たか》い場合

- [ ] きちんと食《た》べているのにやせる。

↓

糖尿病《とうにょうびょう》など病気の可能性があります。特《とく》に冬《ふゆ》に体重が減るのは要注意。

- [ ] 体重が増え続けている。

↓

体に水《みず》や膿《うみ》がたまって体重が増えることも。食べすぎによる肥満《ひまん》にも注意して。

フン

フンのチェック

問題がある場合

- [ ] ウンチの個数《こすう》が少《すく》ない。
- [ ] 水のようにシャバシャバなウンチ。
- [ ] やわらかくくずれたウンチ。
- [ ] 色《いろ》やにおいがいつもと違《ちが》う。

↓

便秘《べんび》でウンチの回数《かいすう》があきらかに減ると、干《ひ》からびたような硬いウンチをします。茶《ちゃ》色《いろ》い水みたいな下痢便《げりべん》を、オシッコと間《ま》違《ちが》えて見逃《みのが》さないように。

ゆるいウンチはほうっておかない

やわらかいウンチ（軟便《なんべん》）は、よく見られます。そのままほうっておくと、「ウエットテイル」と呼《よ》ばれる水のようなウンチをするようになり、非常《ひじょう》に危《き》険《けん》な状態《じょうたい》になってしまいます。また、硬《かた》すぎるウンチを少量《しょうりょう》するのも「腸閉塞《ちょうへいそく》」などの病気の可能性があります。

健康《けんこう》なウンチは、押《お》すとつぶれるくらいの硬さですが、便秘のウンチは押しても形《かたち》が変《か》わりません。

動作《どうさ》

動作だけでなく表情《ひょうじょう》にも気《き》を付《つ》けて

動《うご》いているときは、足《あし》に注目《ちゅうもく》。けがなどをして足が痛《いた》いと、その足だけ地面《じめん》につけないようにして歩《ある》いたり、引《ひ》きずっていたりします。眠《ねむ》っているときは、呼吸《こきゅう》が苦《くる》しそうではないか、寝姿《ねすがた》がいつもと違わないかを見ます。心臓《しんぞう》などの具合《ぐあい》が悪《わる》くて苦《くる》しいときには、丸《まる》まって眠ることができずに、体を起《お》こして座《すわ》ったままウツラウツラします。また、毛並《けな》みがパサパサだとか、目《め》がパッチリあいていないなどの表情もよく観察《かんさつ》するようにしましょう。

動作・行動《こうどう》のチェック

問題がある場合

- □ 起きてこない。ぐったりしている。
- □ 頭《あたま》をふらつかせていたり、歩き方《かた》や走《はし》り方が変《へん》。
- □ 体のどこかをしきりにかいている。
- □ 急《きゅう》にかむようになった。
- □ 背中《せなか》やおなかをふくらませて、呼吸が苦しそう。
- □ 表情が生《い》き生きしていない。

ほんの小《ち》いさな変化《へんか》でも、気になったらなるべく早《はや》く病院《びょういん》へ行《い》きましょう。

大変《たいへん》、うちのハムちゃんが、フンを食べてる!?これって異常《いじょう》なこと?

フンを食べる「食《しょく》フン」は、ハムスターにはよく見られる習性《しゅうせい》。フンにまだ残《のこ》っている栄養《えいよう》を再《ふたた》び取《と》り込《こ》むことが目的《もくてき》だったり、フンに食べ物《もの》のにおいが残《のこ》っていたりすると食べるようです。フンに寄生虫《きせいちゅう》などがいなければ、まったく問題ありません。中《なか》には、巣箱《すばこ》に落《お》ちているフンを拾《ひろ》い集《あつ》めて、ほおぶくろにしまうだけの子《こ》もいます。たくさんつめ込んで、巣箱の掃除《そうじ》をしているのです。

具合が悪そうなときは、すぐに動物《どうぶつ》病院へ

病気やケガは、早めに治療《ちりょう》を始《はじ》めればそれだけ治《なお》る確率《かくりつ》が高《たか》くなります。症状《しょうじょう》が進《すす》んでしまうと、治療のしようがない場合も多《おお》くありますので、早めに診察《しんさつ》を受《う》けましょう。

病《びょう》気《き》やケガを予《よ》防《ぼう》するには

ハムスターを病気やケガから守《まも》って、健康《けんこう》に長生《ながい》きさせられるかどうかは、飼《か》い主《ぬし》さんのお世話《せわ》にかかっています。毎日正《まいにちただ》しい方法《ほうほう》でお世話をするようにしましょう。

お世話や飼育環境《しいくかんきょう》に気《き》を付《つ》けて、病気やケガを防《ふせ》ごう

ハムスターは体《からだ》が小《ちい》さいため、病気やケガの治療《ちりょう》が難《むずか》しい場合《ばあい》が少《すく》なくありません。ですから、病気やケガはなるべくさせないように予防をすることが、長生きをさせるためには大切《たいせつ》になってきます。適切《てきせつ》なお世話や飼育環境で、自分《じぶん》のハムスターをしっかり守ってあげましょう。

お世話や飼育環境、こんなところに気を付けて

病気予防 適切な食事《しょくじ》を与《あた》える

好物《こうぶつ》だからとひまわりの種《たね》などの高脂肪《こうしぼう》のものばかりを与えていると、肥満《ひまん》になってしまいます。肥満は、脂肪肝《かん》などの病気を引《ひ》き起《お》こします。また、適正《てきせい》な量《りょう》を守らずにたくさんあげていると、病気で食欲《しょくよく》がないことに気が付けません。

病気予防 温度《おんど》は 20℃～ 28℃で常《つね》に一定《いってい》に

夏《なつ》や冬《ふゆ》は、激《はげ》しく体力《たいりょく》を消耗《しょうもう》します。夏は高《たか》くても 26 ～ 28℃くらい、冬は低《ひく》くても 18 ～ 20℃くらいになるように、室温《しつおん》を調整《ちょうせい》してあげましょう。

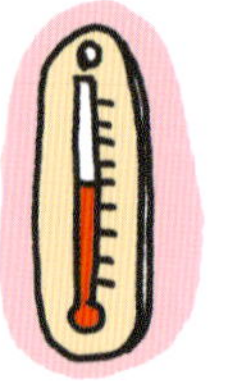

病気予防 固《かた》まる砂《すな》は絶対《ぜったい》に NG

トイレには必《かなら》ず固まらない砂を選《えら》んで使《つか》うようにしましょう。ぬれて固まるタイプの砂は、目《め》やおしりなどにくっついて傷《きず》つけたり、飲《の》み込《こ》んでおなかの中《なか》で固まってしまったり、トラブルの元《もと》です。

病気予防
床材《ゆかざい》に綿《わた》やタオルはNG アレルギーを起こさないものを選んで

綿やタオルを飲み込むと、腸《ちょう》につまって病気の元になります。床材については、36ページを参考《さんこう》にアレルギーを起こさないものを選びましょう。

病気予防
ケージは常に清潔《せいけつ》に保《たも》つ

ケージの掃除《そうじ》を怠《おこた》って不潔《ふけつ》にしていると、ハムスターが細菌性《さいきんせい》の病気にかかってしまうかもしれません。

病気予防
ケガ予防
散歩中《さんぽちゅう》は十分《じゅうぶん》に注意

散歩中は、高いところにのぼって落《お》ちたり、チョコレートのかけらを拾《ひろ》って食《た》べてしまったり、どんな危険があるかわかりません。絶対に目を離《はな》さないで。

病気予防
ケガ予防
金網《かなあみ》ケージより水槽《すいそう》ケージを選ぶ

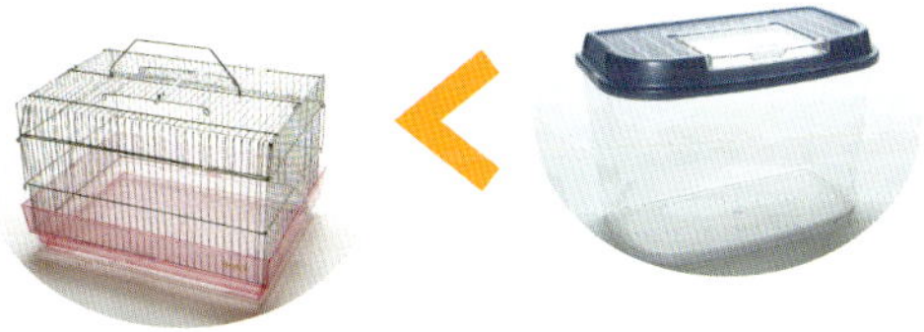

金網ケージをかじって「不正交合《ふせいこうごう》」や「歯周炎《ししゅうえん》」を起こしたり、よじのぼって落下《らっか》してケガをしたりする危険《きけん》があります。

病気予防
ストレスを与えない

ストレスがない環境で過《す》ごすことが、健康の基本《きほん》です。ハムスターのストレスについては108・109ページ参照《さんしょう》。

病気予防
ケガ予防
複数飼《ふくすうが》いに注意！ 基本は1匹《ぴき》1ケージ！

ケンカをして大《おお》ケガをすることや、病気があればほかの子《こ》にうつることもあるので、同居《どうきょ》は避《さ》けましょう。

ハムスターに多《おお》い病気《びょうき》やケガについて

ハムスターに多く見られる病気やケガをまとめました。これらの症状に気付《きづ》いたら、すぐに病院《びょういん》へ行《い》きましょう。このほかでも気になる症状が見られたら、病院に相談《そうだん》を。

おなかの病気

おなかの病気に早《はや》く気付くため、ウンチチェックを欠《か》かさずに。ハムスターにとって、下痢《げり》は数時間《すうじかん》で命《いのち》を奪《うば》われかねない怖《こわ》い病気です。

ウェット・テイル（下痢）

下痢をすると、急激《きゅうげき》に体内《たいない》の水分《すいぶん》が奪われて、命を落《お》とすおそれもあります。「ウエットテイル（ぬれたしっぽ）」と呼《よ》ばれる、水《みず》のようなウンチをしているときには、かなり危険《きけん》な状態《じょうたい》。原因《げんいん》は、細菌《さいきん》や寄生虫《きせいちゅう》やカビ、不適切《ふてきせつ》な飼育環境《しいくかんきょう》など。

治療《ちりょう》 発症《はっしょう》した子《こ》は隔離《かくり》します。点滴《てんてき》で水分を補給《ほきゅう》しながら、原因に合《あ》わせて治療します。

予防《よぼう》 正《ただ》しい食事《しょくじ》と温度《おんど》の管理《かんり》を。繊《せん》維不足《いぶそく》や水分の多《おお》い野菜《やさい》も下痢の原因になります。

腸《ちょう》炎《えん》

抵抗力《ていこうりょく》の低下《ていか》によって、菌《きん》に感染《かんせん》し、腸での栄《えい》養吸収《ようきゅうしゅう》がじゃまをされ、下痢を起《お》こします。くさったエサや不潔《ふけつ》な環境、ストレス、ハムスターに合っていない薬《くすり》などが主《おも》な原因。また、幼《おさな》い子や年《とし》をとった子、出産《しゅっさん》や手術《しゅじゅつ》の直後《ちょくご》の子も要注意《ようちゅうい》。

治療 脱水《だっすい》症状を起こすので、点滴を打《う》って水分を補給します。薬などを使《つか》って、下痢が完全《かんぜん》に治《おさ》まるまで根気《こんき》よく治療を続《つづ》けます。

予防 繊維が不足しないよう、食事はペレットを中心《ちゅうしん》に。野菜では、ハムスターが食《た》べる量《りょう》で必要《ひつよう》な繊維を補《おぎな》えません。適正な飼育環境もきちんと守《まも》りましょう。

腸閉塞《ちょうへいそく》（便秘《べんぴ》）

綿《わた》やタオルや固《かた》まるトイレ砂《すな》を食べてしまい、腸がつまり、便秘を起こし、食欲《しょくよく》がなくなってやせていきます。いつも何十粒《なんじっつぶ》もウンチをしていたのが、2、3粒しか見られないなどあきらかに数《かず》が減《へ》っているときは、ウンチの硬《かた》さを見てみましょう。干《ひ》からびたような形《かたち》で押《お》すとポキンと折《お》れるウンチは便秘の証拠《しょうこ》。ほうっておくと、全然《ぜんぜん》ウンチが出《で》なくなり、死《し》んでしまうことも。長毛《ちょうもう》の子は、毛《け》玉《だま》がおなかにつまって腸閉塞になってしまうこともあります。

治療　消化器官《しょうかきかん》の働《はたら》きをよくする薬を飲《の》ませます。ひどいときは開腹《かいふく》手術《しゅじゅつ》が必要になりますが、ハムスターの手術は難《むずか》しいことが多いです。

予防　綿やタオルは床材として使用《しよう》しない。固まるトイレ砂も絶対《ぜったい》に使《つか》わないで。長毛の子は、やわらかい歯《は》ブラシなどでブラッシングをします。毛玉予防剤《よぼうざい》を飲ませてあげてもよいでしょう。

直腸脱《ちょくちょうだつ》（腸重積《ちょうじゅうせき》）

下痢のしすぎや重度《じゅうど》の便秘で、腸が押されてひっくり返《かえ》り、肛門《こうもん》から赤《あか》い腸《ちょう》が出てきてしまいます。この原因になるのが腸が重《かさ》なり合う「腸重積」です。よく見られる病気で、腫瘍《しゅよう》が原因で腸がゆ着《ちゃく》することも。おなかを触《さわ》ると痛《いた》がったり、全然触らせてくれなかったりといった症状に気付いたら、早めの受診《じゅしん》を。

治療　命にかかわりますので、腸が出ていたら、早く病院へ。診察《しんさつ》を受《う》け、症状が軽《かる》く運《うん》がよければ、出ている腸を指《ゆび》で押し戻《もど》して治《なお》すことができますが、ほとんどの場合《ばあい》は手術が必要で、治療は困難《こんなん》。

予防　なるべく下痢や便秘をさせないように、正しい食事を与《あた》えてください。水分の多い生《なま》野菜は与えないように。ケージ内《ない》も清潔《せいけつ》に保《たも》ち、飲《の》み込《こ》んだらおなかにたまってしまう、綿やタオルや固まるトイレ砂は絶対に使わないようにしましょう。

下痢は、体内の水分を急激に奪い、数時間で命を落とす怖い病気だよ。ほうっておいても勝手《かって》に治るだろうと、放置《ほうち》するのは本当《ほんとう》に危険なことなんだ。

胸《むね》の病気《びょうき》

人間《にんげん》と同《おな》じように、ハムスターも風邪《かぜ》が悪化《あっか》して肺炎《はいえん》を起《お》こしたり、お年寄《としよ》りになると心臓病《しんぞうびょう》を起こしやすくなったりします。

風邪(鼻炎《びえん》)

ハムスターの風邪は、おなかに症状《しょうじょう》が出《で》ることが多《おお》いようです。鼻水《はなみず》や鼻を鳴《な》らす音《おと》がするのは「鼻炎」。原因《げんいん》は、細菌《さいきん》やウイルス、オガクズ、不適切《ふてきせつ》な室温《しつおん》などが考《かんが》えられます。

治療《ちりょう》 ケージ内《ない》の温度を上《あ》げて、細菌に対《たい》しては抗生物質《こうせいぶっしつ》を投《とう》与《よ》します。

予防《よぼう》 室温は一定《いってい》に保《たも》ちます。オガクズなど不適切な床材《ゆかざい》は使用《しよう》しないように。

ヘックショ!
人間の風邪はうつらないけど、インフルエンザの人《ひと》は近《ちか》づかないで。

肺炎

風邪や鼻炎が悪化すると、肺炎を起こし、呼吸《こきゅう》困難《こんなん》におちいり、ぐったりしてきてしまいます。くしゃみや鼻水などの症状に気付《きづ》いた段階《だんかい》で、早《はや》めに病《びょう》院《いん》へ連《つ》れて行《い》くようにしましょう。また、鼻炎などの初期《しょき》症状がなく、いきなり肺炎を起こす場合《ばあい》もあります。細菌やウイルス、カビなどがその主《おも》な原因になります。

治療 抗生物質を投与したり、呼吸困難が見《み》られたら酸素吸入《さんそきゅうにゅう》をします。環境《かんきょう》に問題《もんだい》があれば、改善《かいぜん》します。

予防 適切な食事管理《しょくじかんり》を心《こころ》がけて。室温は、年間《ねんかん》を通《つう》じて一定に。ケージ内は衛生的《えいせいてき》に保ちましょう。

心不全《しんふぜん》

年をとり心臓の機能《きのう》がおとろえてきたハムスターが、かかりやすい病気です。発病《はつびょう》すると、呼吸困難、食欲《しょくよく》の低下《ていか》が見られ、あまり動《うご》かずじっとしていることが多くなります。

治療 強心剤《きょうしんざい》や利尿《りにょう》剤《ざい》などを与《あた》え、症状をおさえます。また、運《うん》動《どう》も制限《せいげん》します。

予防 高血圧《こうけつあつ》になる塩分《えんぶん》・脂肪分《しぼうぶん》の高《たか》い食事は避《さ》けましょう。肥《ひ》満《まん》も原因になるので注意《ちゅうい》を。

回し車
チーズ
種子類
安静
発病したら、運動制限のため回《まわ》し車《ぐるま》は外《はず》してね。

皮《ひ》膚《ふ》の病気

しきりにかいていたり、ハゲができてしまったりするのは、皮膚の病気かもしれません。原因はアレルギーや細菌、内臓《ないぞう》の病気などさまざまです。

ニキビダニ症《しょう》

皮膚に寄生《きせい》しているニキビダニと呼《よ》ばれるダニが増殖《ぞうしょく》し炎症《えんしょう》を起こし、脱毛《だつもう》やフケが見られます。腎臓《じんぞう》の病気が原因になることも。かゆみがひどいと、皮膚に傷《きず》をつくってしまいます。

治療 外用薬《がいようやく》をぬりダニを駆除《くじょ》します。病気が原因となった場合は、一緒《いっしょ》に治療します。

予防 ケージ内を清《せい》潔《けつ》に保ちます。抵抗力《ていこうりょく》が落《お》ちないよう、ストレスにも気を付けて。

アレルギー性《せい》皮膚炎《えん》

床材に触《ふ》れているおなかや胸など下《した》の部分《ぶぶん》に発《ほっ》疹《しん》が現《あらわ》れて、かゆがっているときには、床材に対するアレルギー性皮膚炎の可能性《かのうせい》があります。床材以外《いがい》に、特定《とくてい》の食《た》べ物《もの》が原因でアレルギーを起こすことも。

治療 かゆみ止《ど》めの薬《くすり》を与《あた》え、アレルギーの原因を取《と》り除《のぞ》きます。

予防 アレルギーを起こしやすいパインなどの床材を使用しないで。

細菌性皮膚炎

傷などがある箇所《かしょ》が細菌感染《かんせん》し、炎症を起こします。毛《け》が抜《ぬ》けたり赤《あか》い発疹が現れたりします。免疫《めんえき》が落《お》ちているときやケージが不潔《ふけつ》だと感染しやすくなります。ドワーフハムスターによく見られる病気。

治療 抗生物質を与えて、治療をします。また、ケージを掃除《そうじ》し、清潔な状態《じょうたい》にします。

予防 ケージを不潔にしないようにしましょう。また、ケガをさせないように注意します。

目《め》・耳《みみ》の病気《びょうき》

目やには、目の病気だけではなく、肺炎《はいえん》などほかの病気が原因《げんいん》で出《で》ることがあります。見過《みす》ごさないできちんと検査《けんさ》を受《う》けましょう。

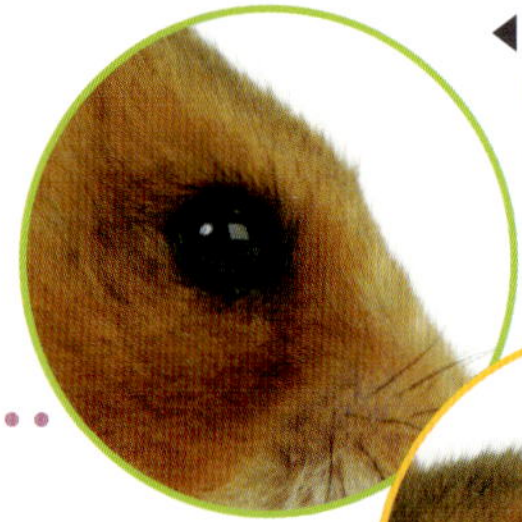

◀健康《けんこう》な目は、目やにや涙《なみだ》などが見られず、生《い》き生きとしています。

健康な耳は、▶くしゃくしゃにならず、ピンと立《た》っています。

結膜炎《けつまくえん》・角膜炎《かくまくえん》

結膜炎と角膜炎は、見てわかる症状《しょうじょう》はほぼ同《おな》じ。目やにや涙で、目をしょぼしょぼさせ、顔《かお》をしきりに洗《あら》います。細菌《さいきん》や、ケンカの傷《きず》、オガクズの刺激《しげき》などで目が炎症《えんしょう》を起《お》こして発症《はっしょう》します。肺炎などほかの病気が原因である場合《ばあい》もあります。

✚治療《ちりょう》 目薬《めぐすり》をさしたり、飲《の》み薬を使《つか》ったりして、目の炎症をおさえます。ほかの病気が原因である場合は、その病気の治療をあわせて行《おこな》っていきます。

✚予防《よぼう》 目にごみやホコリが入《はい》らないよう、ケージの中《なか》をいつもきれいにしておきます。ホコリが出るような床材《ゆかざい》やトイレ砂《すな》を使《つか》わないようにしましょう。

白内障《はくないしょう》

眼球《がんきゅう》の中の透明《とうめい》な水晶体《すいしょうたい》の部分《ぶぶん》が白《しろ》くにごってしまい、視力《しりょく》が低下《ていか》したり、失明《しつめい》したりします。目の中央《ちゅうおう》部分に、大《おお》きさが変化《へんか》する白い点《てん》が見られます。年《とし》をとったハムスターがかかりやすい病気の1つです。また、遺《い》伝《でん》や内臓《ないぞう》の病気、糖尿病《とうにょうびょう》などが原因で起こることもあります。

白内障は、若《わか》くてもかかることがあります。目の中に白い点が見られたら、診《しん》察《さつ》を受けて。

✚治療 残念《ざんねん》ながら有効《ゆうこう》な治療法《ほう》はありません。目が小《ちい》さすぎるため、水晶体の手術《しゅじゅつ》はできないのです。もともと視力が弱《よわ》く、嗅覚《きゅうかく》でものごとを判断《はんだん》しているハムスターなので、失明してもそれほど生活《せいかつ》には困《こま》りません。巣箱《すばこ》やトイレの位置《いち》など、ケージ内《ない》のレイアウトを変《か》えないようにすれば、不自由《ふじゆう》はないでしょう。ほかの病気が原因の場合はその治療が必要《ひつよう》。

✚予防 原因となる糖尿病や内臓疾《しっ》患《かん》にかからせないように、栄養《えいよう》のバランスがとれた食事《しょくじ》を与《あた》えましょう。老化《ろうか》を遅《おく》らせるために、適度《てきど》な運動《うんどう》も欠《か》かさないようにしてください。

眼球突出《がんきゅうとっしゅつ》

眼球が飛《と》び出《だ》してしまう病気です。長時間《ちょうじかん》そのままだと眼球が乾《かわ》き失明します。歯周炎《ししゅうえん》が原因で目の裏《うら》の部分に膿《うみ》がたまり、押《お》し出されることが多《おお》くあります。また、眼球そのものが原因の場合も。首筋《くびすじ》をぎゅっとつかんで顔《かお》の皮膚《ひふ》を強《つよ》く引《ひ》っ張《ぱ》ると、目が飛び出すことも。浅《あさ》く出ただけなら、慌《あわ》てずに軽《かる》く押《お》して元《もと》に戻《もど》しましょう。

治療 目薬や抗生物《こうせいぶっ》質《しつ》で目の乾燥《かんそう》を防《ふせ》ぎます。手術などで膿を出します。

予防 144ページを参考《さんこう》に歯周炎の予防を。また、歯《は》を強《つよ》く打《う》たないように。

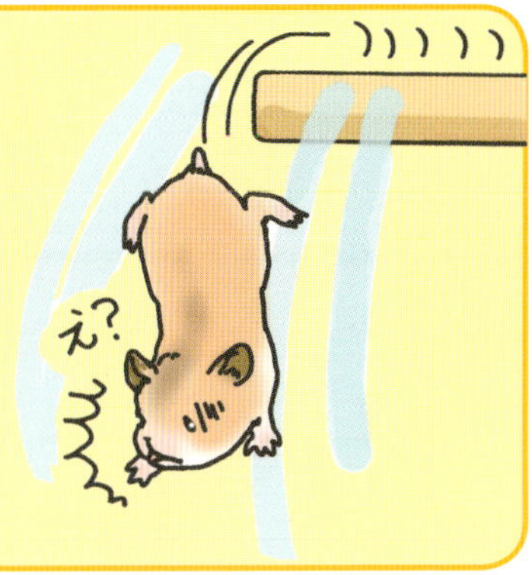

麦粒腫《ばくりゅうしゅ》

細菌感染《かんせん》により、まぶたや結膜の部分に膿がたまります。目がはれぼったくなったり、分泌物《ぶんぴつぶつ》が出たり、いわゆる「ものもらい」の症状が見られるように。ジャンガリアンに多い病気です。一度《いちど》かかると、再度《さいど》かかりやすい病気なので、気《き》を付《つ》けましょう。

治療 目薬でよくならなければ、手術で膿を出す場合もあります。

予防 ケージの中をきれいにし、細菌に感染しないようにします。

外耳炎《がいじえん》

外耳炎は、細菌や酵母《こうぼ》が原因となってかかる病気。ハムスターの耳は奥《おく》が深《ふか》いので、耳の後《うし》ろのほうをかくしぐさが見られます。においをかいでみるととてもくさく、耳の中が汚《よご》れていることも。耳ダレが見られると、中耳炎《ちゅうじえん》や内《ない》耳炎《じえん》の可能性《かのうせい》が。

治療 点耳薬《てんじやく》をさしたり、飲み薬を与えて耳の中の炎症をおさえます。歯周炎が原因となり中耳炎や内耳炎を起こしている場合は、原因となった病気の治療も必要です。適切《てきせつ》な抗生物質を投与《とうよ》し、膿がたまっていれば洗浄《せんじょう》をします。

予防 ケージの中をこまめに掃除《そうじ》して、清《せい》潔《けつ》に保《たも》ち、細菌が発生《はっせい》しないようにしましょう。耳の病気には、歯の根元《ねもと》が関係《かんけい》していることもあります。歯ぐきや歯が傷ついて、菌《きん》に感染しないように、金網《かなあみ》ケージの使用《しよう》は避《さ》けましょう。

歯《は》・ほおぶくろの病気《びょうき》

歯が伸《の》び続《つづ》け、ほおぶくろを持《も》つハムスターならではの病気があります。歯周炎《ししゅうえん》は、耳《みみ》や目《め》などの炎症《えんしょう》を誘発《ゆうはつ》し、重症《じゅうしょう》になると脳炎《のうえん》まで引《ひ》き起《お》こす怖《こわ》い病気です。

不正咬合《ふせいこうごう》

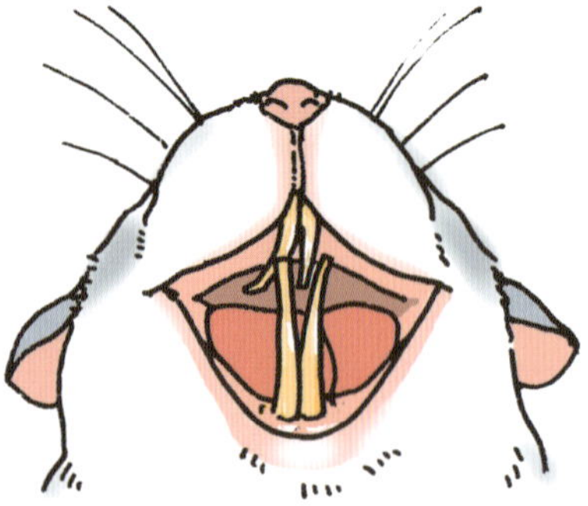

固《かた》いものは食《た》べられなくなりますので、水《みず》でふやかしてやわらかくしたり、刻《きざ》んだりして与えましょう。

　ケージの金網《かなあみ》などをかじって歯が曲《ま》がり、上下《じゅうげ》の歯がかみ合《あ》わなくなることで、歯が削《けず》られず、伸び続けてしまう病気です。うまくエサが食《た》べられないだけでなく、下《した》の歯が伸びすぎて上《うわ》あごに突《つ》き刺《さ》さってしまったり、上の歯が下あごに突き刺さったり、口《くち》の中《なか》を傷《きず》つけてしまうおそれがあります。

＋治療《ちりょう》 伸びる歯を病《びょう》院《いん》で定期的《ていきてき》に削ってもらいます。場合《ばあい》によっては、歯が生《は》えてこないよう抜歯《ばっし》をすることも。

＋予防《よぼう》 金網ケージは水槽型《すいそうがた》ケージに替《か》えましょう。栄養《えいよう》バランスのよい食事《しょくじ》を与《あた》え、歯を支《ささ》える骨《ほね》を強《つよ》くします。

歯周炎

　歯周菌《ししゅうきん》が、歯の根元周辺《ねもとしゅうへん》に炎症を起こさせます。上あごや下あごがはれたり、歯の根元から膿《うみ》が出《で》たりします。歯の根はたいへん深《ふか》いため、菌に感染《かんせん》すると、中耳炎《ちゅうじえん》や内耳炎《ないじえん》、眼球《がんきゅう》の炎症などを引き起こし、重度《じゅうど》の場合は脳炎にまで進行《しんこう》し、死《し》に至《いた》ることも。ドワーフではあごの腫瘍《しゅよう》の原因《げんいん》になります。

＋治療 適切《てきせつ》な抗生物質《こうせいぶっしつ》を与え炎症をおさえます。膿がたまっている場合は取《と》り除《のぞ》きます。

＋予防 歯の根元が傷つかないように、ケージなどをかじらせないようにしましょう。

ほおぶくろ脱《だつ》

　ほおぶくろを口の外《そと》に出《だ》しっぱなしの状態《じょうたい》に。単《たん》なるしまい忘《わす》れなら、しめらせた綿棒《めんぼう》で押《お》し込《こ》んであげましょう。何度戻《なんどもど》してもすぐに引《ひ》っ張《ぱ》り出し、気《き》にして手入《てい》れをしている場合は注意《ちゅうい》が必要《ひつよう》。炎症や腫瘍がある可能性《かのうせい》も。

＋治療 抗生物質を与え、腫瘍がある場合は手術《しゅじゅつ》で切除《せつじょ》。

＋予防 あめでコーティングされたおやつなど、ほおぶくろにくっつく食《た》べ物《もの》は与えないように。

オシッコの病気

ウンチだけでなく、オシッコのチェックも毎日忘《まいにちわす》れずに行《おこな》いましょう。トイレに行《い》ってもあまり出ていない、逆《ぎゃく》にいつもより大量《たいりょう》にオシッコをしている場合も注意が必要です。

ぼうこう炎《えん》

抵抗力《ていこうりょく》が弱《よわ》っているときに、ぼうこうが細菌《さいきん》に感染し、起こる病気です。血液《けつえき》の混《ま》じった赤《あか》いオシッコをするようになります。ぼうこうにたまって時間《じかん》が経《た》ったオシッコは、血液の色《いろ》が変《か》わり、黒《くろ》や茶《ちゃ》色をしていることも。年《とし》をとってからの腎臓障害《じんぞうしょうがい》の原因にもなるので注意が必要です。

治療 細菌に対《たい》し、抗生物質を与えて治療をします。手術が必要な場合もあります。

予防 ケージを清潔《せいけつ》にし、体《からだ》の抵抗力を高《たか》めるため、栄養バランスのよい食事を与えるようにしましょう。

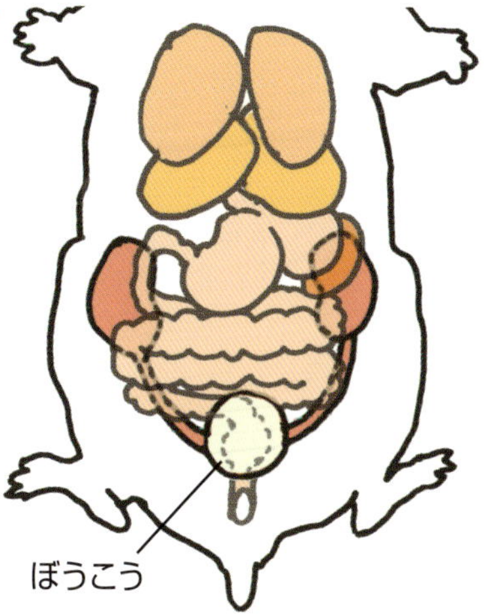

オシッコの病気の早期発見《そうきはっけん》のため、動物《どうぶつ》病院《びょういん》で定期的《ていきてき》に尿検査《にょうけんさ》を受《う》けましょう。

ぼうこう結石《けっせき》

過剰《かじょう》にカルシウムを含《ふく》んだエサが原因となり、ぼうこうに結石ができ、オシッコが出づらくなります。細菌性《せい》のぼうこう炎が症状《しょうじょう》を悪化《あっか》させることも。

治療 点滴《てんてき》で水分《すいぶん》を与え、結石の摘出《てきしゅつ》手術を行います。水をいっぱい飲《の》ませてオシッコをたくさん出させます。

予防 過剰なカルシウムを含まないバランスのよい食事を与えましょう。

腎不全《じんふぜん》

一時的《いちじてき》なものと、腎臓の組織《そしき》そのものがダメージを受ける慢《まん》性的《せいてき》なものとがあります。一時的なものだとオシッコが出なくなりますが、慢性的な腎不全は水のようなオシッコを大量《たいりょう》にするようになります。原因は、高齢《こうれい》によるもの、不適当《ふてきとう》なエサ、ウイルス感染などさまざまなことが考《かんが》えられます。脱水《だっすい》を起こし、水を飲む量が増《ふ》えたりもします。

治療 原因に合わせ、適正《てきせい》な治療を行います。慢性の場合、食事療法《りょうほう》が中心《ちゅうしん》になります。脱水を起こしているときは、点滴で水分を十分《じゅうぶん》に与え、体の中の老廃物《ろうはいぶつ》を体外《たいがい》に排出《はいしゅつ》させます。

予防 高《こう》たんぱく、高塩分《えんぶん》のエサは腎臓の負担《ふたん》になるので、ふだんから与えないようにしましょう。食事はペレットと野《や》菜《さい》を中心に。新鮮《しんせん》な水を毎日用意《ようい》するのも、予防のためには重要《じゅうよう》です。

そのほかの病気《びょうき》

そのほかにも、ハムスターがかかりやすい病気はいろいろとあります。肥満《ひまん》は、さまざまな病気を引《ひ》き起《お》こす元《もと》なので、エサの与《あた》えすぎには注意《ちゅうい》をしましょう。

腫瘍《しゅよう》

体《からだ》の一部《いちぶ》にしこりができます。はっきりした原因《げんいん》は不明《ふめい》ですが、年《とし》をとったハムスターや遺伝《いでん》によりかかりやすい家系《かけい》もあるよう。一般的《いっぱんてき》に悪性《あくせい》のものは「ガン」と呼《よ》ばれ、ハムスターにも人間《にんげん》と同《おな》じような乳《にゅう》ガンや肺《はい》ガンなどがあります。

治療《ちりょう》 初期《しょき》のガンや良性《りょうせい》の腫瘍は、手術《しゅじゅつ》で取《と》り除《のぞ》きます。進行《しんこう》したガンは抗《こう》ガン剤《ざい》で治療します。

予防《よぼう》 飼育《しいく》が原因になるわけではありませんが、日々《ひび》のお世話《せわ》と健康確認《けんこうかくにん》でしこりの早期発《そうきはっ》見《けん》に努《つと》めましょう。

体を触《さわ》ってみてしこりがないか確認してね。内臓《ないぞう》や骨《ほね》など体内《たいない》にできた腫瘍は、外《そと》からはわからないから発見が難《むずか》しいよ。

肝臓病《かんぞうびょう》(肝炎《かんえん》・肝不全《かんふぜん》・脂肪肝《しぼうかん》)

毎日《まいにち》の食事《しょくじ》や細菌《さいきん》やウイルスなどさまざまな原因で発病《はつびょう》します。食欲《しょくよく》がなくなりやせていき、全《ぜん》身《しん》に黄疸《おうだん》が出《で》ます。体を見《み》ても黄疸はわかりにくいので、オレンジ色《いろ》のオシッコをしていたらすぐ病《びょう》院《いん》へ。脂肪肝は、肥満が原因でかかる病気。

治療 強肝剤《きょうかんざい》や抗生物質《こうせいぶっしつ》などを症状に合《あ》わせて投与《とうよ》し、同時《どうじ》に食事療《りょう》法《ほう》も行《おこな》います。肥満が原因であれば食事制限《せいげん》をし、それでもやせない場合《ばあい》はホルモン剤《ざい》を投与することも。

予防 栄養《えいよう》のバランスがとれた正《ただ》しい食事を与《あた》えることです。肥満ぎみのハムスターはダイエットをさせましょう。ひまわりの種《たね》など高《こう》カロリーのエサはすぐに切《き》り替《か》えましょう。

子宮蓄膿症《しきゅうちくのうしょう》

メスのハムスターの子宮が細菌感染《かんせん》し、膿《うみ》がたまります。生殖器《せいしょくき》から出血《しゅっけつ》が見られることも。症《しょう》状《じょう》が進行《しんこう》すると、食欲がなくなり、ぐったりしてきて、心臓《しんぞう》や腎臓《じんぞう》に悪影響《あくえいきょう》を及《およ》ぼすこともあります。

治療 抗生物質を投与したりして治療をします。再発《さいはつ》する可能性《かのうせい》が高《たか》い病気なので、場合によっては、子宮や卵巣《らんそう》を取り出す手術も行います。

予防 特《とく》に予防法《ほう》はありませんが、何《なん》度《ど》も出産《しゅっさん》したハムスターや年をとったメスのハムスターの飼《か》い主《ぬし》さんは、生殖器に出血が見られないか注意しましょう。若《わか》いうちに避妊《ひにん》手術を受ける場合もあります。

熱射病《ねっしゃびょう》・日射病《にっしゃびょう》

閉《し》め切《き》った暑《あつ》い室内《しつない》や、日《ひ》かげでない場所《ばしょ》にいると、体温調節《たいおんちょうせつ》ができないハムスターは、体温が極端《きょくたん》に上《あ》がってしまいます。

治療 即病院《そくびょういん》へ。体温が上がっていれば保冷剤《ほれいざい》で冷《さ》まします。

予防 室温《しつおん》は一定《いってい》に。ケージは直射日《ちょくしゃにっ》光《こう》の当《あ》たらない場所に置《お》いて。

夏《なつ》はエアコンで温度《おんど》
調整《ちょうせい》をして、ケージ
を日かげに置いてね。
カイテキ。

疑似冬眠《ぎじとうみん》

ねたらダメー!!
ヒュー
うとうと
ゆさ ゆさ

室温が急激《きゅうげき》に下《さ》がると、体温が低《ひく》くなり仮死《かし》状態《じょうたい》になります。冬越《ふゆご》し対策《たいさく》ができていないので、体力を消耗《しょうもう》し死《し》んでしまうことも。

治療 人肌《ひとはだ》などで体を温《あたた》めながら、すぐに病院へ。体力を消耗しているときは、点滴《てんてき》などで処置《しょち》をします。

予防 冬《ふゆ》は室温 18℃以下《いか》にならないようにし、栄養をつけさせて。

知《し》っておこう! 高齢《こうれい》ハムスターがかかりやすい病気

人間でも年をとると気《き》を付《つ》けなければならない病気があるように、ハムスターにも年をとるとかかりやすい病気があります。今《いま》までに紹介《しょうかい》した「心不全《しんふぜん》」や「白内障《はくないしょう》」などをはじめ、右《みぎ》のような病気に注意して、栄養バランスのよいエサと快適《かいてき》な飼育環境《かんきょう》を心《こころ》がけて、ご長寿《ちょうじゅ》ハムスターを目指《めざ》しましょう。

アミロイドーシス

アミロイドと呼ばれるたんぱく質《しつ》があらゆる器官《きかん》の細胞《さいぼう》にたまり、正常《せいじょう》な機能《きのう》を失《うしな》ってしまう病気。症状が進《すす》むと、腹水《ふくすい》がたまったり、多飲多尿《たいんたにょう》が見られます。これが元《もと》で心不全になることも。完治《かんち》は難しく、症状をやわらげる治療を行います。

心臓の血栓症《けっせんしょう》

血栓が大きくなると、うっ血性《けつせい》心不全が見られます。アミロイドーシスと関連《かんれん》して発症《はっしょう》することも。

内分泌性脱毛《ないぶんぴつせいだつもう》

ホルモン分泌が原因で脱毛する症状。治癒《ちゆ》は困難《こんなん》ですが、老《ろう》化《か》を遅《おく》らせることで対処《たいしょ》を。

ケガ

手《て》から飛《と》び降《お》りたり、足《あし》をケージのすき間《ま》に挟《はさ》んだり、ちょっとした事故《じこ》で簡単《かんたん》にケガをしてしまうハムスター。気《き》を付《つ》けて環境《かんきょう》から危険《きけん》を取《と》り除《のぞ》いてあげましょう。

骨折《こっせつ》・ねんざ

原因《げんいん》で多《おお》いのは、高《たか》いところから落《お》ちる、人《ひと》に踏《ふ》まれる、金網《かなあみ》ケージに足を挟む、の3つ。足をねんざや骨折すると、足がはれて歩《ある》き方《かた》がおかしくなります。軽《かる》いねんざなら、数《すう》日間《じつかん》の運動制限《うんどうせいげん》で治《なお》りますが、骨折の場合《ばあい》は、骨《ほね》を手術《しゅじゅつ》で固定《こてい》しないと痛《いた》みが長引《ながび》くだけでなく、感染《かんせん》症《しょう》を起《お》こすことも。高いところから落ちて打《う》ちどころが悪《わる》く、脊椎《せきつい》を骨折すると、下半身《かはんしん》マヒを起こします。

治療《ちりょう》 軽いねんざは、痛み止《ど》めや炎症《えんしょう》をおさえる薬《くすり》を与《あた》え、運動制限をします。重症《じゅうしょう》の骨折は手術が必要《ひつよう》。ひどいときには、切断《せつだん》しなければならない場合も。

予防《よぼう》 散歩中《さんぽちゅう》は、座《すわ》ってハムスターの動《うご》きから目《め》を離《はな》さないように。金網タイプのケージを使《し》用《よう》している場合は、水槽《すいそう》タイプに切《き》り替《か》えましょう。

やけど

熱《あつ》い物《もの》に触《さわ》ってやけどをする場合と、冷《つめ》たい物で凍傷《とうしょう》になる場合とがあります。皮膚《ひふ》が人間《にんげん》よりも分厚《ぶあつ》いので、時間《じかん》が経《た》ってから気付《きづ》かれることが多いです。皮膚が炎症し、プヨプヨしてやわらかくなり、ほうっておくと破《やぶ》れてしまいます。

治療 軽度《けいど》のやけどなら、薬をぬり、床材《ゆかざい》をやわらかくて清《せい》潔《けつ》さが保《たも》てる紙《かみ》に替えます。皮膚がジュクジュクして破れそうな場合は、病院《びょういん》で特別《とくべつ》な処置《しょち》が必要です。

予防 湯《ゆ》たんぽやカイロ、ヒーターなどは低温《ていおん》やけどの原因に。必《かなら》ずタオルなどでくるんで、長時間《ちょうじかん》あてっぱなしにしないように。熱い物だけでなく、冷たい物にも注意《ちゅうい》が必要。保冷剤《ほれいざい》や氷《こおり》などに気を付けて。

散歩中にハムスターが触ると危険な熱い物は置《お》かないのは当然《とうぜん》。カイロや保冷剤なども使《つか》い方《かた》に注意しよう。

外《がい》傷《しょう》

ハムスターの前歯《まえば》は非常《ひじょう》に鋭《するど》いため、ハムスターどうしのケンカで致命傷《ちめいしょう》を負《お》ってしまうことがよくあります。かまれると深《ふか》く傷《きず》つき、小《ちい》さな傷だからとほうっておくと、中《なか》に膿《うみ》がたまってはれてきます。鼻《はな》に傷を負って鼻《はな》血《ぢ》が出《で》ると、呼吸《こきゅう》を妨《さまた》げることもあって危険です。人間の切り傷や鼻血のように軽くとらえずに、大《たい》した傷ではないように思《おも》っても、必ず病院で手当《てあ》てをしてもらいましょう。

口《くち》でうまく呼吸できないから、鼻血がつまると息《いき》ができなくなるんだ。
Danger!!
キケン!

治療 病院で傷口《きずぐち》を洗《あら》い消毒《しょうどく》をします。抗生物質《こうせいぶっしつ》を与え傷口が膿《う》まないようにし、はれてきたら傷口を切り開《ひら》いて、中の膿を洗い出《だ》します。

予防 複数飼《ふくすうが》いの場合、ケンカをしたらすぐにケージを分《わ》けましょう。猫《ねこ》など、ほかのペットに傷つけられることもあるので注意。また、落下《らっか》して鼻を打《う》つ危険があるので、高いところには上《あ》がらせないようにしましょう。

ニャーッ

知《し》っておこう！ ハムスターから人にうつる病気

ハムスターだけではなく、いろいろな動物《どうぶつ》が持《も》っているのが「サルモネラ菌《きん》」。人間にうつると食欲《しょくよく》がなくなり、体重《たいじゅう》が減《へ》ります。「リンパ球性脈絡髄膜炎《きゅうせいみゃくらくずいまくえん》」は、ハムスターが原因になる菌に感染しても通常《つうじょう》は発症《はっしょう》しませんが、人間が感染すると、発熱《はつねつ》や頭痛《ずつう》が見《み》られます。ですが、普通《ふつう》の衛生観念《えいせいかんねん》を持って接《せっ》していれば、心配《しんぱい》する必要はありません。

予防 基本的《きほんてき》に過剰《かじょう》なスキンシップは避《さ》け（キスをするなど）、お世話《せわ》の後《あと》は手をよく洗います。「リンパ性脈略髄膜炎」の原因となる「アレナウイルス」はハムスターのオシッコにひそんでいることが。オシッコを触った手は特《とく》に石《せっ》けんでよく洗いましょう。

かわいいからと、口《くち》の中に入《い》れたり、キスをしたりするのはやめましょう。ハムスターにとっても迷惑《めいわく》です。

病《びょう》気《き》やケガをしたときの応《おう》急《きゅう》処《しょ》置《ち》と看《かん》病《びょう》

病院《びょういん》には必《かなら》ず行《い》ってね。

家庭《かてい》でできる応急処置の方法《ほうほう》を知《し》っておくといざというとき安心《あんしん》です。ここで紹介《しょうかい》する方法はあくまで一時的《いちじてき》な処置なので、回復《かいふく》しても再発《さいはつ》を防《ふせ》ぐために必ず病院へ行きましょう。

家庭でできる応急処置

下痢《げり》をしているとき

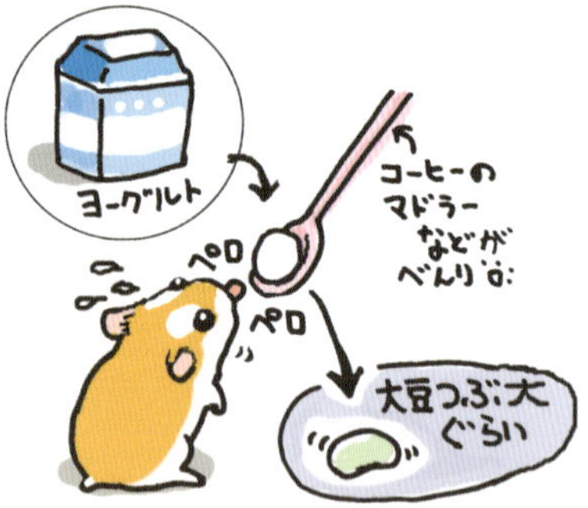
ヨーグルト
ペロ
ペロ
コーヒーのマドラーなどがべんり
大豆つぶ大ぐらい

脱水症状《だっすいしょうじょう》を起《お》こさないよう、薬局《やっきょく》で売《う》っている赤《あか》ちゃん用《よう》のイオンウォーターなどをあげます。おなかの調子《ちょうし》が悪《わる》いときは、生《い》きた乳酸菌《にゅうさんきん》が入《はい》っているヨーグルトを少量《しょうりょう》（豆粒大《まめつぶだい》ほど）与《あた》えます。

具合《ぐあい》が悪いときは、室《しつ》温《おん》は少《すこ》し高《たか》めに。体力《たいりょく》が回復したように見《み》えても、早《はや》めに診察《しんさつ》を受《う》けて原因《げんいん》をつきとめて。

イオン
赤ちゃん用イオンウォーター
ペットヒーター
ケージの下や巣箱の下に。

元気《げんき》がなく、ぐったりしているとき

または、砂糖 さとう
ハチミツ
ハチミツ
ぬるま湯
スポイトで少しずつ

ぐったりして飲めないときは無《む》理《り》に与えないで。

飲み込めなさそうなときは、指《ゆび》につけ、口にぬるくらいでいいよ。

見てわかるほどハムスターの元気がないときは、かなり弱《よわ》っている場合《ばあい》が多《おお》いです。病院に行くまでの間《あいだ》、ハムスターの体力を少《すこ》しでも回復させるために、少量のハチミツか砂糖《さとう》をとかしたぬるま湯《ゆ》をスポイトなどで少しずつ与えます。飲《の》み込《こ》めないとのどにつまって危険《きけん》なので、口《くち》のまわりをぬらす程度《ていど》にしましょう。

熱射病《ねっしゃびょう》になったとき

体温《たいおん》が上《あ》がっている場合は、冷凍庫《れいとうこ》で凍《こお》らせるタイプの保冷剤《ほれいざい》をタオルでくるみ、さらにビニール袋《ぶくろ》に入《い》れて、体《からだ》を冷《ひ》やします。ただし、体温が下《さ》がりすぎないように、ハムスターのようすを見ながら行《おこな》いましょう。

ホッ

低体温《ていたいおん》になったとき

体温が下がり体が冷《つめ》たくなっている場合、すぐに温《あたた》めてあげなければいけません。ふところに入れるなど、人肌《ひとはだ》でゆっくり温めてあげるのが安全《あんぜん》な方法です。30分《ぷん》ほど温めているとゴソゴソと動《うご》き出《だ》すので、意識《いしき》が戻《もど》り、飲めそうなら砂糖水《みず》を与えましょう。

ケガをしたとき

骨折《こっせつ》しているときなどは安静《あんせい》が必要《ひつよう》。運動《うんどう》を制限《せいげん》させるため、回《まわ》し車《ぐるま》は当然取《とうぜんと》り除《のぞ》き、寝《ね》るスペースとトイレ、エサ入れ、水飲《みずの》みを入れたら歩《ある》き回れないくらいの狭《せま》さの水槽《すいそう》タイプのケージに移《うつ》しましょう。

粘着《ねんちゃく》シートについてしまったとき

ゴキブリ取りなどに誤《あやま》ってはりついてしまったとき、食用油《しょくようあぶら》かバターなど、口に入れても大丈夫《だいじょうぶ》な油を、粘着シートがついた毛《け》によくすり込みながらはがしていきます。

無理にはがしたり、毛を切《き》ろうとすると、ハムスターを傷《きず》つけてしまうよ。毛のベタベタは、油でとってね。

水や湯の中《なか》に落《お》ちたとき

乾燥地帯《かんそうちたい》で暮《く》らす動物《どうぶつ》であるハムスターにとって、体がぬれることは大《たい》変《へん》なストレス。タオルで水気《みずけ》をふき取って、ドライヤーを離《はな》して使《つか》い、体をすぐに乾《かわ》かしてあげましょう。お湯でやけどをしたら、体を保冷剤などで冷やし、すぐに病院へ。

あっ!!
ツルッ
ハムスターから目をはなしちゃダメ
おてもと

家庭《かてい》でできる看病《かんびょう》

看病するときに大切《たいせつ》なこと

静《しず》かで落《お》ち着《つ》ける場所《ばしょ》

ハムスターの具合《ぐあい》が悪《わる》いときは、静かで暗《くら》い場所でゆっくりと休《やす》ませて。布《ぬの》などでケージをおおってあげると落ち着きます。複数《ふくすう》で飼《か》っている場合《ばあい》は、別《べつ》のケージに移《うつ》しましょう。

同《おな》じケージにいると、ウンチなどから、ほかの子《こ》に病気《びょうき》がうつってしまうことがあるんだ。別のケージにいても、病気の子のケージはほかの部屋《へや》に移してあげるといいよ。

病気を治《なお》すには「保温」と「栄養補給」が大切だよ。看病は、獣《じゅう》医《い》さんの指示《しじ》に従《したが》ってね。

保《ほ》温《おん》

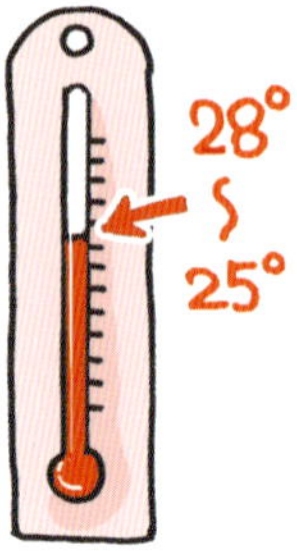

病気のときは、室温《しつおん》は少《すこ》し高《たか》めになるように調整《ちょうせい》します。冬《ふゆ》ならば22℃～24℃、夏《なつ》ならば25℃～28℃くらいが理想的《りそうてき》。エアコンで温度《おんど》設定《せってい》ができるのであれば、一定《いってい》の温度になるように調節《ちょうせつ》しましょう。冬はペットヒーターを使用《しよう》したり、カイロをケージの外《そと》にはり付《つ》けておくなどします。また、床材《ゆかざい》を多《おお》めに入《い》れておいてあげましょう。そうすれば、寒《さむ》いと感《かん》じたときに自分《じぶん》でも調整ができます。

栄養《えいよう》補給《ほきゅう》

健康《けんこう》であれば、バランスがとれた食事《しょくじ》が鉄《てっ》則《そく》ですが、病気で食欲《しょくよく》が低下《ていか》してしまっているときには、とにかく食《た》べさせることが大切です。おいしそうなにおいをさせる工夫《くふう》や、食べやすくなる工夫をして、食《く》いつきをよくさせます。例《たと》えば、ペレットをお湯《ゆ》でふやかしたり、野菜《やさい》を細《こま》かくしたり、ペースト状《じょう》にしたりして与《あた》えましょう。多《た》少《しょう》カロリーが高くなっても、病気のときにはしかたがありません。好物《こうぶつ》を混《ま》ぜるなどして食べさせて、体力《たいりょく》を回復《かいふく》させましょう。

食事の与え方《かた》

ペレットはぬるま湯で練《ね》ってペーストにします。ぬれたエサをいやがる子には、水分《すいぶん》を加《くわ》えず、すり鉢《ばち》で粉状《こなじょう》にしてあげても。ひまわりの種《たね》などを加えて混ぜてもいいでしょう。

自力《じりき》で食べられない子には、薬《くすり》を飲《の》ませるように、スポイトで少しずつ与えて。竹《たけ》べらなどで、歯《は》の裏《うら》になすりつけて、なめさせてもいいよ。

薬の飲ませ方

口を開《あ》けさせるには、首《くび》の後《うし》ろの皮膚《ひふ》を持《も》って軽《かる》く引《ひ》っ張《ば》って。

液状《えきじょう》の薬はスポイトなどを使《つか》って、口の中《なか》に少しずつ入れてね。

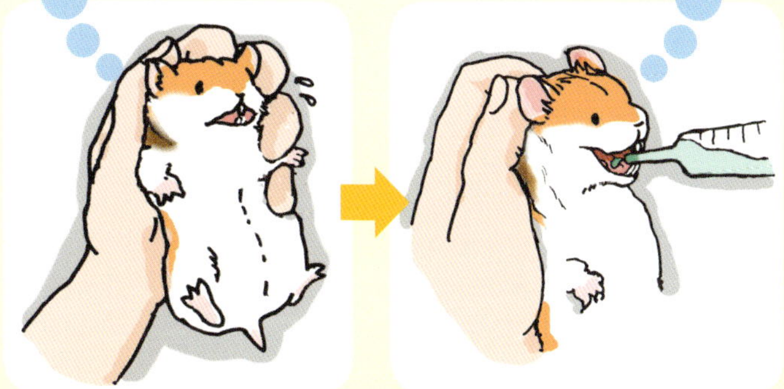

薬を与えるときは、ストレスが少《すく》ないように、なるべくすばやくあげるようにしましょう。病院《びょういん》で薬をもらったときに、獣医師《じゅういし》に正《ただ》しい薬の与え方をきちんと教《おそ》わるように。

目薬《めぐすり》のさし方

体《からだ》がずれないよう手《て》で固定《こてい》して、点眼《てんがん》。タオルを使うと、暴《あば》れないようにしっかりおさえられますます。きれいな指《ゆび》で目の上《うえ》にのせるやり方も。

はみ出《だ》したらコットンなどでふき取《と》って。

万《まん》病《びょう》の元《もと》！肥《ひ》満《まん》対《たい》策《さく》をしよう

太《ふと》りすぎに
ご注意《ちゅうい》を！

太りすぎのハムスターが最近《さいきん》増《ふ》えてきているようです。自分《じぶん》で食《た》べる物《もの》や食べる量《りょう》を選《えら》べないハムスターの肥満は、飼《か》い主《ぬし》さんの責任《せきにん》。しっかり食事管理《しょくじかんり》をしましょう。

肥満は病気《びょうき》を引《ひ》き起《お》こす元

　コロコロ太っていたほうがかわいいと肥満を容認《ようにん》している飼い主さんも多《おお》いようですが、ハムスターにとっても肥満は「脂肪肝《しぼうかん》」など病気の元になります。また、太りすぎのせいで、軽《かる》いねんざですむはずが重度《じゅうど》の骨折《こっせつ》になったり、メスは妊娠《にんしん》しづらくなったりもします。太らせないように、しっかり肥満対策をしましょう。

ハムスターの体重《たいじゅう》の目安《めやす》

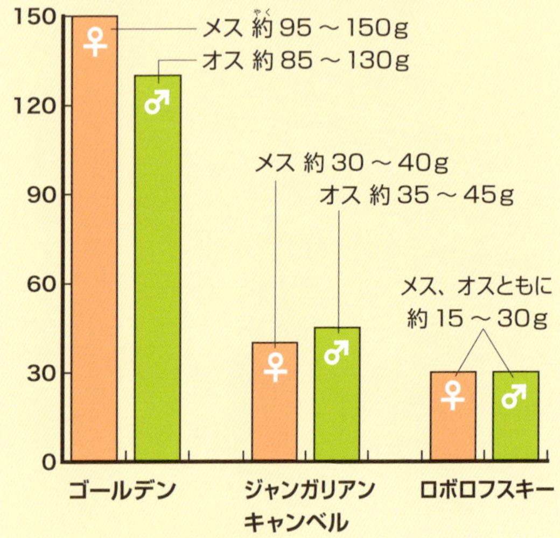
150
120
90
60
30
0
メス 約《やく》95～150g
オス 約85～130g
メス 約30～40g
オス 約35～45g
メス、オスともに
約15～30g
ゴールデン
ジャンガリアン
キャンベル
ロボロフスキー

肥満の予防方法《よぼうほうほう》

食事は1日《にち》1回《かい》。ペレットや野菜《やさい》を中心《ちゅうしん》にして。

1日30分程度《ぶんていど》、部屋《へや》の中《なか》を散歩《さんぽ》させる。

トコトコ
トコトコ

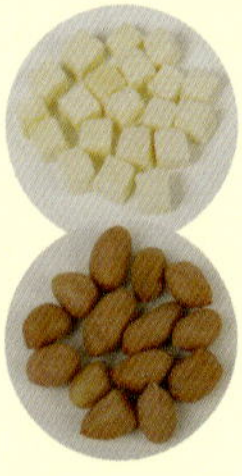

チーズや卵《たまご》は2・3日に1回。種《たね》やピーナッツなどは1日数粒《すうつぶ》。

おとななのに毎日《まいにち》体重が増えているのは、肥満の傾《けい》向《こう》かも？　食べる量は適切《てきせつ》か確認《かくにん》してね。

肥満かどうか4つのチェックポイント

1 上《うえ》から見《み》たとき、体《からだ》つきがマリのようにまん丸《まる》。

エッ？
わたしのコト？

手《て》のひらにのせると、ボテッとした感《かん》じじゃない？ さらに太ると、上から見て丸を通《とお》り越《こ》し、ベタッと四《し》角《かく》く見えることも。頭《あたま》も肉《にく》にうまってしまうよ。

2 足《あし》のつけ根《ね》の肉がたるんでいる。

ズー…
いやーん
タプタプだね。

3 おなかや胸《むね》の毛《け》がうすくなってきている。

歩《ある》いたときに、胸やおなかが床《ゆか》にこすれて、毛がうすくなってきていない？ オスはこう丸《がん》がハゲてしまうこともあるよ。

4 毛《け》並《な》みが悪《わる》くなってきた。

ムムム…
ウーム。
メタボ？

太りすぎると、手や口《くち》が届《とど》かないから、背《せ》中《なか》の中心部《ちゅうしんぶ》なんかの毛づくろいができなくなるよ。全体的《ぜんたいてき》に、毛並みが悪くボサボサになってきて、不潔《ふけつ》な感じになってきてしまうんだ。

上手《じょうず》なダイエットのさせ方《かた》

太《ふと》らせてしまったら、ダイエットをさせる必要《ひつよう》があります。ハムスターの肥満原因《ひまんげんいん》はカロリーのとりすぎと運動不足《うんどうぶそく》なので、適切《てきせつ》な食事管理《しょくじかんり》と運動をさせることがダイエットの基本《きほん》になります。かかりつけの病院《びょういん》に相談《そうだん》をしながら、正《ただ》しい方法《ほうほう》で行《おこな》うようにしましょう。

ルール1 エサはペレットや野菜《やさい》を中心《ちゅうしん》にしましょう

好物《こうぶつ》の高《こう》カロリー食《しょく》（ひまわりの種《たね》など）は与《あた》えるのをやめて、ペレットと野菜中心の食事に切《き》りかえましょう。栄養不足《えいようぶそく》で体力《たいりょく》を落《お》とさないように、食事制限《せいげん》をする際《さい》は必《かなら》ず獣医師《じゅういし》と相談しながら行いましょう。食事制限でやせない場合《ばあい》、甲状腺《こうじょうせん》の異常《いじょう》の疑《うたが》いがあるので、薬《くすり》で治療《ちりょう》をしていきます。

ルール2 運動をなるべくさせましょう

散歩《さんぽ》の時間《じかん》を長《なが》くしたり、回《まわ》し車《ぐるま》を使《つか》ったりして、なるべく運動をさせるようにしましょう。太っていると動《うご》きが鈍《にぶ》くなり、思《おも》わぬ大《おお》ケガをすることがあります。例《たと》えば、高《たか》いところから落下《らっか》したりすると、自分《じぶん》の体重《たいじゅう》のせいで通常《つうじょう》よりも重傷《じゅうしょう》を負《お》ってしまうことも。運動をさせるときは、十分注《じゅうぶんちゅう》意《い》してください。

ルール3 毎日《まいにち》時間を決《き》めて体重を量《はか》りましょう

起《お》きたばかりでおなかをすかせた状態《じょうたい》と、エサを食《た》べた後《あと》とでは、当然《とうぜん》体重は違《ちが》ってきます。体重は測定《そくてい》する時間を決め、なるべく同《おな》じ状態で増減《ぞうげん》を確認《かくにん》するようにしましょう。オシッコやウンチでも体重は変《か》わってくるので、少《すこ》しの増減は毎日あっても問題《もんだい》ありません。

「ごはんをあげる前《まえ》に体重を量る」など、体重測定をお世話《せわ》の中《なか》に組《く》み込《こ》んでおくと、毎日同じ状態で確認できるね。

フーム。
32

ルール4 急激《きゅうげき》なダイエットはNG

体重が100g前後《ぜんご》のハムスター。ほんの数《すう》gの変動《へんどう》でも、人《ひと》で考《かんが》えると何百《なんびゃく》gとか何kg変わったのと同じことになります。急激にガクッと体重が落《お》ちるのは危険《きけん》です。体力を落とさないよう、1か月《げつ》くらいをめどに、ゆっくり少しずつ下向《したむ》きになるように行いましょう。

慣《な》れていないと危険が多《おお》いダイエット。必ず獣医さんに相談しながら、正しい方法で行ってね。

はむちゃんダイエット
9月
10月
ヤッタ!

人には何《なに》かというくせに

食っちゃ寝… 食っちゃ寝 していたら…
でぶ〜ん〜
背中の
たて縞まで
横に
広がって
いる
そこで ダイエット作戦が始まりました.
タネは まわし車を回したあとで 少しだけ.
ほれっ 回したで
タネ くれ〜!
もう
1回
カラン…
タネ
食事も 野菜が 中心
また これや!
おかげさまで スマートには なりましたが…
うっ!!
きつい
オレも
ヤバイ
おかあさん 昨日
ケーキバイキングに
行ったそーやな!!
おとうさん!
ビールの 飲みすぎや!
ホンマに人間って
いうのは なんぎやな〜

動物病院《どうぶつびょういん》へ行《い》くときは？

信頼《しんらい》できる先生《せんせい》を探《さが》しておこう。

ハムスターが病気《びょうき》になると進行《しんこう》が早《はや》いので、すぐに病院に行けるよう、あらかじめハムスターをみてくれる動物病院を見《み》つけておくようにしましょう。

ハムスターをみてくれるお医者《いしゃ》さんを探しておこう

病気になったときあわてないため、事前《じぜん》にかかりつけの病院を決《き》めておきましょう。健康診断《けんこうしんだん》や尿検査《にょうけんさ》を受《う》けるなど、ふだんからハムスターをみてもらっている病院なら、その子《こ》の体《からだ》のことをよくわかってくれているので、病気のときも安心《あんしん》です。

大丈夫だから…
コワイよー
ひーっ…
ビクビク

病院へ連《つ》れて行くときの注意点《ちゅういてん》

電話《でんわ》で予約《よやく》を取《と》り、特《とく》に初診《しょしん》のときは、ふだん使《つか》っているケージごと連れて行きましょう。症状《しょうじょう》の原因《げんいん》が、飼育《しいく》環境《かんきょう》を見てもらうことでわかります。移動《いどう》には、ゆれが少《すく》なく、エアコンで温度《おんど》の調節《ちょうせつ》も可能《かのう》な車《くるま》がおすすめ。

布《ぬの》をかぶせておくと保温になりハムスターがおちつきます。
水分は野菜で。
気温が低い日や体温が下がっている時は使いすてカイロなどをケースの外側からあてて保温。
外部からのショックをやわらげるためにタオル等でクッション代わりに。
夏は保冷材等で熱中症をふせぐ。

話《はなし》ができないぼくらの代《か》わりに、お世話している人《ひと》が、先生に症状をきちんと説明《せつめい》してね。必要《ひつよう》なら先生にウンチやオシッコの状態《じょうたい》も見てもらえるから、ケージは掃除《そうじ》をしないで持《も》っていくようにしよう。

ハムスターをみてくれる動物《どうぶつ》病院《びょういん》紹介《しょうかい》

アーリン動物病院

HP http://www.ops.dti.ne.jp/~lara/

千葉県松戸市小根本 77-3

047-703-4833

本書《ほんしょ》の監修《かんしゅう》、中村《なかむら》ちはる先生の病院。犬猫以外《いぬねこいがい》の小《しょう》動物専門《せんもん》病院なので、診療時《しんりょうじ》のストレスも少《すく》なくすみます。病気治療《ちりょう》だけでなく飼《し》育指導《いくしどう》も行《おこな》います。

滝沢《たきざわ》犬猫鳥《とり》の病院

HP https://takizawa-ah.jimdofree.com

さいたま市北区宮原町 2-95-3

048-652-2777

エキゾチック動物の診療にも力《ちから》を入《い》れていて、正《ただ》しい飼《か》い方《かた》もわかりやすく説明《せつめい》しています。患者《かんじゃ》さん向《む》けにペットホテルのサービスも行っています。

みわエキゾチック動物病院

HP https://miwaah.com

東京都豊島区駒込 1-25-5

03-5981-9761

犬猫以外のウサギやハムスター、亀《かめ》、鳥などエキゾチック動物に高度医療《こうどいりょう》を提供《ていきょう》。院長《いんちょう》は東京大《とうきょうだい》学付属《がくふぞく》動物医療センターのエキゾチック動物診療責任者《せきにんしゃ》も兼任《けんにん》。

K'sペットクリニック

HP http://www.ks-pet-clinic.com

東京都町田市能ヶ谷町 4-4-11

042-736-9965

鳥類、小動物などの専門病院。院長はさまざまな動物を育《そだ》てているスペシャリスト。テレビや雑誌《ざっし》の取材《しゅざい》も多数《たすう》受《う》けています。HPにはあらゆる動物の飼育方法《ほうほう》も。

Ebisu Bird Clinic MAI

HP http://ebis-bird.com

東京都渋谷区恵比寿西 1-27-3

03-3461-8005

小鳥と小動物の専門病院。入院室《にゅういんしつ》・酸素室《さんそしつ》もあり、設《せつ》備《び》も充実《じゅうじつ》。飼育相談にも応《おう》じます。インコや亀、ハムスターなど多《おお》くの家族《かぞく》がいて和《なご》やかな雰囲気《ふんいき》。

オペラ総合動物病院

HP https://epc-vet.com

神奈川県相模原市中央区東淵野辺 1-11-5 カサベルグ K-101

042-753-4050

犬猫以外のエキゾチック動物専門病院。高《たか》い専門知《ち》識《しき》と経験《けいけん》を生《い》かした診療を行います。特《とく》に飼育指導に力を入れています。院長は飼育本《ほん》など著書《ちょしょ》多数。

きらら動物病院

HP http://www7a.biglobe.ne.jp/~kirara-ah

愛知県豊川市為当町椎木 11

0533-77-2864

エキゾチック専門獣医師《じゅういし》がハムスターを含《ふく》む小動物、亀、小鳥などを診察《しんさつ》。質問《しつもん》にも優《やさ》しく答《こた》えます。ハリネズミの受付嬢《うけつけじょう》が患者さんをお出迎《でむか》え。

クウ動物病院

HP https://www.queue-ah.jp

大阪府大阪市鶴見区横堤 3-2-28

06-6912-9870

ハムスターをはじめ、小動物、鳥類、ハ虫類《ちゅうるい》などあらゆる動物の診療を行っています。特殊《とくしゅ》な動物の診察も応《おう》相談。飼い方や病気の疑問《ぎもん》に答えます。

パル動物病院

HP https://pal-ah.jp

静岡県裾野市伊豆島田 843-5

055-993-3135

小動物も診療しています。月《つき》に一度《いちど》、エキゾチックペットクリニック院長・霍野晋吉《つるのしんきち》先生による専門診療の日《ひ》があります。学会《がっかい》や他地《たち》域《いき》での診療にも積極的《せっきょくてき》です。

（※ 2021 年 9 月現在の情報です。）

ハムスターの妊娠《にんしん》と出産《しゅっさん》について

責任《せきにん》を持《も》って産《う》ませよう。

かわいいハムスターの赤《あか》ちゃんが見《み》たい！——そう思《おも》ったら、生《う》まれてくる赤ちゃんを育《そだ》てられるのか、新《あたら》しい飼《か》い主《ぬし》を責任を持って見つけられるのか、もう一度《いちど》よく考《かんが》えてみましょう。

赤ちゃんを産ませる前《まえ》に

ハムスターの赤ちゃんは、一度に何匹《なんびき》も生まれるよ。

繁殖力《はんしょくりょく》が強《つよ》いハムスター。一度の出産で生まれる赤ちゃんは、なんと５～10匹！　これだけの数《かず》を育てることができますか？

増《ふ》やす前に、お家《うち》で飼うのか、だれかにあげるのか考えておいて。

赤ちゃん全部《ぜんぶ》を育てられないのなら、ほかに飼ってくれる人《ひと》を探《さが》しておきましょう。人にあげられるようになるまでの２か月間《げつかん》は面倒《めんどう》を見《み》る必要《ひつよう》があります。

知《し》っておこう！ ハムスターの妊娠・出産基礎知識《きそちしき》

ハムスターの赤ちゃんは、一度にどれくらい生まれるの？

一度に生まれる赤ちゃんの数は、ゴールデンで平均《へいきん》8匹、ドワーフで平均4匹といわれています。多《おお》いと10匹以《い》上《じょう》生まれることも。その赤ちゃんが繁殖可能《かのう》になったとき、オスメス一緒《いっしょ》だとさらに増えてしまいます。

繁殖が可能なのは、いつからいつまでくらい？

生まれてから1か月もすると、おとなとほぼ同《おな》じ体《からだ》になります。繁殖も可能です。

メスは初産《ういざん》なら6、7か月、経産婦《けいさんぷ》なら1歳《さい》までで繁殖をやめましょう。オスは2歳まで。

メスの妊娠期間《きかん》はどのくらい？

交尾《こうび》をしてから10日《とおか》ほどでおなかがふくらんできます。妊娠期間は、ゴールデンで平均15、16日《にち》くらい。早《はや》いときには10日弱《じゃく》で出産することもあります。ドワーフは、もう少しだけ長《なが》い平均17、18日くらい。

オスとメスの発情期《はつじょうき》はいつ？

年間《ねんかん》を通《つう》じて一定《いってい》の温度《おんど》が保《たも》たれた飼育下《しいくが》では、いつでも繁殖は可能です。メスの発情は4日周期《しゅうき》で起《お》こるので、オスはメスのタイミングに合《あ》わせて交尾させます。

お見合《みあ》いの準備《じゅんび》

お見合いが成功《せいこう》しなければ、かわいい赤《あか》ちゃんは生《う》まれません。お見合い成功に必要《ひつよう》な条件《じょうけん》を知《し》り、万全《ばんぜん》の準備で望《のぞ》みましょう。

お見合いによい時期《じき》

♥年齢《ねんれい》♥

メスは10週齢《しゅうれい》（3か月前後《げつぜんご》）、オスは14週齢（3か月すぎ）くらいで、性的《せいてき》に成熟《せいじゅく》します。この時期をすぎてからオスとメスを会《あ》わせると、お見合い成功の確立《かくりつ》はグッと上《あ》がります。

♥季節《きせつ》♥

1年中繁殖《ねんじゅうはんしょく》は可能《かのう》ですが、やはり気候《きこう》のよい春《はる》か秋《あき》が最適《さいてき》でしょう。真夏《まなつ》や真冬《まふゆ》はただでさえ体力《たいりょく》が落《お》ちるため、妊娠出産《にんしんしゅっさん》に向《む》きません。メスがオスを受《う》け入《い》れる気分《きぶん》にはならないことも。

♂飼《か》っている子《こ》がオスの場合《ばあい》

オスは自分の縄張《なわば》りにメスが入《はい》ってくることを歓迎《かんげい》します。メスのハムスターも飼っていて結婚《けっこん》させる場合は、メスをオスのケージに入れるようにしましょう。メスのハムスターを飼っていない場合は、メスを友《とも》だちの家《いえ》などから借《か》りて連《つ》れてきましょう。基本的《きほんてき》にハムスターのメスは気《き》が強《つよ》いので、自分以外《じぶんいがい》の縄張りに入れられておとなしくなったくらいで、オスとのバランスがちょうどとれるようです。

♀飼っている子がメスの場合

メスは気が強いので、自分の縄張りにオスが入ってくると攻撃《こうげき》をしてしまう可能性《かのうせい》があります。オスをメスのケージに入れても、結婚は成功しません。ほかにオスのハムスターを飼っている場合、メスをオスのケージに入れるようにしましょう。オスを飼っていない場合は、友だちの家などにメスを預《あず》けてお見合いをさせなければなりません。無事《ぶじ》に交尾《こうび》がすんだら返《かえ》してもらいましょう。

お見合《あ》い相手《あいて》の選《えら》び方《かた》

種類《しゅるい》

ゴールデンどうし、ジャンガリアンどうしなど、同《おな》じ種類どうしでなければ基本的には交尾はできません。なぜなら、染色体《せんしょくたい》の数《かず》が異《こと》なるなど、生物学的《せいぶつがくてき》に見《み》るとまったく違《ちが》う種類になるからです。

メスの年齢

生後《せいご》１か月で妊娠は可能ですが、人間《にんげん》でいえば、まだ 10 歳《さい》をすぎたくらいの年齢。体の準備が整《ととの》う３か月前後～６か月が出産にはよいでしょう。母体《ぼたい》への影響《えいきょう》を考え、１歳をすぎてからの妊娠は避《さ》けましょう。

オスの年齢

オスは、14 週齢、およそ３か月からが適齢期《てきれいき》。その後《ご》２年《ねん》くらい繁殖が可能です。しかし、心臓《しんぞう》が弱《よわ》っていたりすると危《き》険《けん》なので、年《とし》をとっている子はお見合いさせないほうがよいでしょう。

性格《せいかく》

あまり気が強すぎないメスのほうが、オスを攻撃しないでよさそうですが、重要《じゅうよう》なのは相性《あいしょう》。会わせてみて大丈夫《だいじょうぶ》な子が理《り》想《そう》の相手です。

血《ち》のつながり

家族間《かぞくかん》で繁殖することもあるハムスターですが、血は離《はな》れている相手が理想です。血が近《ちか》いと、かかりやすい病気《びょうき》などが遺伝《いでん》してしまうかもしれません。なるべく、血のつながりがない子をお見合い相手に選びましょう。

健康状態《けんこうじょうたい》

ハムスターの病気には遺伝性《せい》のものもあります。健康な赤ちゃんを産《う》ませるためには、相手の健康状態も重要になってきます。できれば、その子の親《おや》の病歴《びょうれき》なども聞《き》いて、健康な相手と結婚させましょう。

お見《み》合《あ》いのさせ方《かた》

いきなり対面《たいめん》させても、うまくはいきません。ようすを見《み》ながら、２匹《ひき》を一《いっ》緒《しょ》にするのがお見合い成功《せいこう》のカギです。

1 ケージを並《なら》べ、相手《あいて》に慣《な》らす

オスとメスのケージを並べ、お互《たが》いの姿《すがた》やにおいに慣れさせます。少《すく》なくとも４日《よっか》はそのままようすを見ます。

メスは４日に一度《いちど》発情《はつじょう》するから、その気《き》になるまでオスは隣《となり》で待《ま》たせてね。

2 メスに発情が見られたら…

メスの発情は夕方《ゆうがた》に始《はじ》まり、午前《ごぜん》０～１時《じ》くらいに排卵《はいらん》を迎《むか》え、翌朝《よくあさ》ドロっとした白《しろ》い分泌液《ぶんぴつえき》が膣口《ちつこう》に見られます。分泌液は３日目《め》はロウのようで４日目は透明《とうめい》に。

3 メスをオスのケージに入《い》れる

メスの膣からクモの糸《いと》のような透明な分泌液が出《で》始《はじ》めたら、夕方暗《くら》くなる前《まえ》にメスをオスのケージに移《うつ》します。

4 ケンカをしたら、すぐ離《はな》す

一緒にすると、最初《さいしょ》はかみついたりケンカをするかもしれません。ケンカが激《はげ》しくなりそうならすぐ引《ひ》き離して。

オスは、自分《じぶん》のテリトリーにメスが侵入《しんにゅう》しても歓迎《かんげい》するけれど、メスはいやがって攻撃《こうげき》することもあるんだ。

5 もう一度チャレンジ

失敗《しっぱい》したら、４日後《ご》のメスの発情を待って、もう一度ケージ越《ご》しのお見合いから始めましょう。

6 オスがメスのにおいをかぐ

オスがまずメスに興味《きょうみ》を持《も》ち、においをかごうとします。メスの耳《みみ》や背中《せなか》に触《さわ》ったり、自分のにおいをケージ内《ない》につけて回《まわ》ったりすることも。

7 メスがオスのにおいをかぐ

はじめはいやがるようすを見せていたメスも、オスに興味を示《しめ》し、においをかぎ始めます。お互いににおいをかぎ合《あ》って、相性《あいしょう》を確認《かくにん》します。

嗅覚《きゅうかく》で相手《あいて》を判断《はんだん》するハムスターにとって、においをかぐのは、交尾前《こうびまえ》の重要《じゅうよう》な行為《こうい》なんだ。

8 メスがおしりを上《あ》げる

メスが、おしりを上げて、5～10秒《びょう》止《と》まったままになります。これは、オスを受《う》け入《い》れる準備《じゅんび》が整《ととの》った合図《あいず》。やがて交尾を始めます。

9 交尾をくり返《かえ》す

交尾は20～60分《ぶん》の間《あいだ》くり返され、成功《せいこう》すると、翌日《よくじつ》メスのケージに白いロウ状《じょう》のかたまり(膣栓《ちつせん》)が見られます。

10 終《お》わったら、オスとメスを離す

交尾が順調《じゅんちょう》に行《おこな》われたら、1時間《じかん》くらいでメスを元《もと》のケージに戻《もど》します。一緒にいると、再《ふたた》びメスが攻撃してしまいます。

交尾期間《きかん》以外《いがい》、オス・メス一緒に過《す》ごすのは、難《むずか》しいよう。連続妊娠《れんぞくにんしん》を防《ふせ》ぐためにも離してね。

メス妊娠

交尾の20～24時間後、メスに膣栓ができ、これが妊娠した合図。10日《とおか》ほどするとおなかも出《で》てきます。

妊娠中《にんしんちゅう》のお世話《せわ》

おなかの中《なか》の赤《あか》ちゃんが健康《けんこう》に生《う》まれてくるように、妊娠中のお母《かあ》さんハムスターのお世話の注意点《ちゅういてん》をおさえましょう。

～ ハムスターの妊娠期間《きかん》 ～

ゴールデンハムスター

16～18日

ドワーフハムスター

18～20日

注意すること

妊娠したメスは必《かなら》ずオスと別《べつ》のケージに分《わ》けましょう。出産《しゅっさん》をひかえ気《き》が荒《あら》くなっているメスがオスを攻撃《こうげき》してしまうのと、オスが再《ふたた》び交尾《こうび》をしようとしてメスを追《お》いかけまわすのを避《さ》けるためです。妊娠期間中は、出産に備《そな》えて栄養《えいよう》をしっかりとらせ、静《しず》かな環境《かんきょう》で過《す》ごせるように工夫《くふう》をしましょう。

食事《しょくじ》

出産と子育《こそだ》てに向《む》けて、しっかり食《た》べさせて、体力《たいりょく》をつけさせたいものです。10日《とおか》を過ぎるとおなかが大《おお》きくなってくるので、ペレットや野菜《やさい》などふだん与《あた》えているエサの量《りょう》を少《すこ》しずつ増《ふ》やすようにすれば、必要《ひつよう》な栄養をバランスよくとれます。加《くわ》えて、たんぱく質《しつ》やカルシウムをとらせるため、ゆで卵《たまご》やにぼしなどを少しずつあげてもよいでしょう。ただし、ふだんからゆで卵やにぼしなどをまったく食べていない子《こ》に、突然《とつぜん》あげる必要はありません。

緑黄色野菜《りょくおうしょく》
ゆで卵
チーズ
にぼし
栄養つけなくちゃ。
トウモロコシ
新鮮《しんせん》な水《みず》

環境

ふだんより大きめの巣箱《すばこ》を入《い》れる

中《なか》で子育てするので、ふだんよりひとまわり大きいものを出産用《よう》として用意《ようい》します。ティッシュの空《あ》き箱《ばこ》を利用《りよう》して手作《てづく》りするのもおすすめ。

段《だん》ボールなどで囲《かこ》む

落《お》ち着《つ》いて出産できるように、段ボールや布《ぬの》などでケージのまわりをおおってあげるとよいでしょう。

妊娠したハムスターはとてもデリケート。人間《にんげん》の存在《そんざい》を感《かん》じるだけでもストレスになってしまうことも。静かに過ごさせてあげてね。

ケージは水槽型《すいそうがた》にする

生まれた赤ちゃんが、すき間《ま》から出《で》てしまったり足《あし》を挟《はさ》んでケガをしたりする危険《きけん》があるので、出産するときは水槽型ケージで。

床材《ゆかざい》はたっぷり入れる

お母さんは、出産に備えて巣作《すづく》りをします。紙《かみ》や牧草《ぼくそう》などの床材をいつもより多《おお》めにたっぷりと入れてあげましょう。

NG《エヌジー》

掃除《そうじ》はひかえる

出産前《まえ》になったら、ハムスターを刺激《しげき》しないよう、エサと水の交換《こうかん》以外《いがい》のお世話はひかえます。特《とく》に初《うい》産《ざん》の場合《ばあい》は、なるべくそっとしておくこと。

遊《あそ》びや散歩《さんぽ》もがまんさせる

とにかく出産までは静かに落ち着いて過ごさせるために、激《はげ》しい運動《うんどう》は避けなければいけません。回《まわ》し車《ぐるま》もお散歩もしばらくがまんさせましょう。

出産《しゅっさん》のお世話《せわ》と注意《ちゅうい》

	出産前《まえ》	出産日《び》
母ハムスターのようす	**妊娠 10日後《とおかご》くらい～ （出産 5 日前）** 急激《きゅうげき》に体重《たいじゅう》が増《ふ》えて、目《め》に見えておなかが大《おお》きくなるのがわかります。おなかの中《なか》の赤ちゃんは、生まれるまでの 5 日間《かん》ほどで約《やく》 100 倍《ばい》の大きさに育《そだ》ちます。出産に備《そな》えて、巣箱《すばこ》に床材《ゆかざい》を集《あつ》めて巣作《すづく》りを始《はじ》めます。 	妊娠してから 15 日目《め》ぐらいで出産します。いよいよ出産となると、さかんに毛《け》づくろいをし、落《お》ち着《つ》きがなくなります。生殖器《せいしょくき》から出血《しゅっけつ》が見《み》られることも。夜中《よなか》から明《あ》け方《がた》の静かな時間《じかん》に出産し、ほとんどが安産《あんざん》です。 
お世話と注意	母ハムスターの体力《たいりょく》を保《たも》つため、ペレットと緑黄色野菜《りょくおうしょくやさい》を中心《ちゅうしん》にした食事《しょくじ》を多《おお》めに与えるようにしましょう。にぼしや卵《たまご》といった動物性《どうぶつせい》たんぱく質《しつ》、カルシウムも一緒《いっしょ》にあげるように。ティッシュペーパーなど、巣材《すざい》になるものをたっぷりと入《い》れてあげます。人《ひと》の存在《そんざい》がストレスになるので、エサと水《みず》の交換以外《こうかんいがい》は、ハムスターのケージになるべく近《ちか》づかないようにしましょう。	ティッシュペーパーなど巣材になるものをたっぷり入れておいて、産後《さんご》 1 週間《しゅうかん》くらいはケージに近づかなくてもすむように、エサを多めに 1 週間分《ぶん》くらい入れておきます。母ハムスターはひとりで出産できるので、手助《てだす》けは不要《ふよう》です。ほとんどの場合《ばあい》、無事《ぶじ》に赤ちゃんが生まれるので、静かに誕生《たんじょう》の瞬間《しゅんかん》を待《ま》ちましょう。

およそ15日《にち》の妊娠期間《にんしんきかん》を経《へ》て、いよいよ赤《あか》ちゃんが生《う》まれます。母《はは》ハムスターにストレスを与《あた》えないように、とにかく静《しず》かに見守《みまも》りましょう。

出　産　後

産後1週間くらい

ケージの中から鳴《な》き声《ごえ》がしたら、赤ちゃんが無事に生まれたあかしです。母ハムスターは巣箱の中にこもって、赤ちゃんにおっぱいをあげ、排《はい》せつをさせてやり、約7日間は育児《いくじ》に全力《ぜんりょく》を注《そそ》ぎます。

赤ちゃんハムスターを早《はや》く見たくても、決《けっ》してのぞいたりしてはいけません。育児中《ちゅう》のハムスターは神経質《しんけいしつ》なので、育児のじゃまをされると、子育《こそだ》てを放棄《ほうき》したり、場合によると子どもを食《た》べてしまうこともあります。エサは足《た》りているか、すばやく確認《かくにん》したら、すぐにケージを離《はな》れるようにしてください。授乳中《じゅにゅうちゅう》は栄養《えいよう》をとらなければいけないので、エサを多めに与え新鮮《しんせん》な水も切《き》らさないように。子育てに不安《ふあん》があっても、育児はすべて母ハムスターに任《まか》せるようにしましょう。

注意！ 赤ちゃんに素手《すで》で触《さわ》ってはいけません！

赤ちゃんに素手で触ると人間《にんげん》のにおいがつき、母ハムスターが自分の子ではないと思《おも》ってしまいます。巣から出《で》てしまった赤ちゃんを戻《もど》すときは、陶器《とうき》のスプーンか布《ぬの》を巻《ま》いたはしを使《つか》いましょう。

注意！ 赤ちゃんは1か月でおとなになります

ハムスターは1か月をすぎると繁殖《はんしょく》が可能《かのう》になります。オスとメスの赤ちゃんを一緒のケージに入れておくと、そこで新《あたら》しい子どもができてしまうこともあるので、乳離《ちちばな》れがすんだら、オスとメスのケージを分《わ》けるようにしましょう。

子《こ》育《そだ》て中《ちゅう》のお世《せ》話《わ》と注《ちゅう》意《い》

ハムスターはあっという間《ま》に成長《せいちょう》します。ケージの準備《じゅんび》と里親探《さとおやさが》しはお早《はや》めに。

赤《あか》ちゃんハムスターを育てられるのは、産《う》んだ母親《ははおや》だけ。もし、育《いく》児放棄《じほうき》などで、人間《にんげん》が育てなければならなくなったらとても大変《たいへん》。育児のじゃまをしないよう、次《つぎ》の3つに注意してね。

ママー
ママ、

1. ケージで安心《あんしん》して子育てできるよう、むやみにのぞいたり手《て》を入《い》れたりしない。
2. 赤ちゃんに素手《すで》で触《さわ》らない。巣《す》に戻《もど》すときは布《ぬの》を巻《ま》いたはしなど道具《どうぐ》を使《つか》う。
3. 食事《しょくじ》は、栄養《えいよう》バランスよく、十分《じゅうぶん》な量《りょう》を与《あた》え、体力《たいりょく》を落《お》とさないように。

生後《せいご》すぐ～1 週間目《しゅうかんめ》のハムスター

▲ 生まれてすぐの
キャンベルハムスター

生《う》まれてすぐのハムスターは、毛《け》がなく、目《め》は見《み》えず、耳《みみ》も聞《き》こえません。お母《かあ》さんからおっぱいをもらい、ほかのきょうだいとかたまって眠《ねむ》っています。

お世話と注意

どんな赤ちゃんが生まれたのか気《き》になっても、のぞいたりしないようにしましょう。1週間くらいになると、早い子《こ》はやわらかい食《た》べ物《もの》を食べるようになるので、ふやかしたペレットをビンのふたなどに入れてあげましょう。

生後1日《にち》目
生後2日目
生後3日目
生後4日目
生後5日目
生後6日目

▶生後1～6日目のキャンベルハムスター。毛がだんだん生《は》え、耳の形《かたち》もわかります。

生後1週間～2週間目のハムスター

生後7日目
生後8日目
生後9日目

1週間くらいでよろよろと歩《ある》き始《はじ》めます。目や耳の形もはっきりしてきます。やわらかい物も食べますが、まだおっぱいが食事の中心《ちゅうしん》。

◀生後7～9日目のキャンベルハムスター。9日たつと、模様《もよう》もわかります。

生後2週間～3週間目のハムスター

全身《ぜんしん》毛が生え、目も見えるように。自分《じぶん》でエサを食べ始めます。巣の外《そと》に出《で》てあちこち歩くので、お母さんは連《つ》れ戻すのが大変。トイレでオシッコもします。

3週間くらいで、ほとんどの子が離乳《りにゅう》します。親離《おやばな》れまであともう少《すこ》し。回《まわ》し車《くるま》を使《つか》って遊《あそ》ぶ姿《すがた》も見られます。このころになったら、ケージの中《なか》を軽《かる》く掃除《そうじ》しても大丈《だいじょう》夫《ぶ》です。

お世話と注意

小《ちい》さく切《き》った野菜《やさい》を与えてみましょう。ケージの段《だん》ボールはそろそろ取《と》り除《のぞ》いて大《だい》丈《じょう》夫《ぶ》ですが、赤ちゃんにはまだ触らないように。

▲キャンベルハムスター（ノーマル）の子ども。

生後3週間～4週間目のハムスター

21日～25日くらいで、完全《かんぜん》にひとりでエサが食べられるようになります。そろそろ、母ハムスターから離して巣分《わ》けをしましょう。その際《さい》、体《からだ》の大《おお》きな子と小さな子でケージを分けてください。

生後1か月が過ぎたハムスター

もう一人前《いちにんまえ》のハムスターです。32日ころから性成熟《せいせいじゅく》をし始め、オスどうしはケンカをし、メスとオスが一緒《いっしょ》だと妊娠《にんしん》してしまいます。

離乳がすんでしばらくしたら、里子《さとご》に出しても大丈夫。かわいがってくれる相手《あいて》を見《み》つけてね。

かわいがって
もらうのよー！
おっ母も
元気でー

お世話と注意

離乳がすんだら、おとなのハムスターと同《おな》じように、ペレットを中心にバランスのとれた食事を与えましょう。1か月くらいしたら、子どものハムスターたちも1匹《びき》ずつ個別《こべつ》のケージに分けてください。

くにす家のハムスター出産記

わが家のメスハムはみんないまいち母親らしくありませんでした……

たとえばポコリンの場合…
8月〇日
いた～い!! これって陣痛なの!?
昨夜まわし車で遊びすぎたのがいけなかったのかしら… どうしましょう… まだ巣作りもできていないのに…
でも仕方ないわね… ここまできたら頑張って産むしかないわ。
ん～っ!!
ふ～っ すっきりしたわ
ピーピー
モニョ モニョ
えっ!! なになに? おっぱいが出てるわ。不思議ね。
あせるわ～
ピーピ、ピー
まあ…でも 自分の子供は それなりに かわいいわね…
だけど1日中子育てなんてやってられないわ!!
まわし車は気分転換
ガタ ガタ ガタ
やめられない 止まらない～
そうそう子供たちにも、外の世界を味あわせてあげなくちゃ……?
本当は私がおでかけしたいんだけどね..
よいしょ

調子に乗って遊んでいたら……
ふふふ〜 やっぱりお外は楽しいわ
口にくわえてはこぶ
あ〜ん。落っこちちゃった〜 たすけて〜〜っっ〜!!
メロン
子供たちは置き去りに……
ピーピーピー
見つけてもらえてよかったわ〜 でもなんだか疲れちゃった〜 ちょっと寝させてもらうわね。
ふ〜っ
ピーピー
今のうちにおっぱいいただき〜
数日後
かあちゃんはあてにできんもんなー
そーや そーや
自分らでたくましく生きていかなあかん
あ〜よく寝たわ
さあ またあそびにいきましょう!
それでも子供達はしっかり元気に成長するのです!!
(この続きや詳しくは『十匹十色くにす家のハム通信』(青心社・刊)をご覧下さい)
くにす家のハムスター・メス同志の同窓会
だんなだって育児に参加してほしいわね!!
そうそう! なんせ4〜5匹の相手だものね〜
マニュアル通りとちがうこともいっぱいや!!
それでわちはこっそりいじめにおうたんかっ!!
※メス同志の同居は避けたほうがいいらしいです。
へいちゅう
ささ
こざさ
赤ちゃんはまだか? と、聞かれるのはうんざりやったで!!
※ハムのオスは子育てに関与しません
たんくは赤ちゃんができませんでした。
ポコリン
たんく

いつかは来《く》るハムスターとのお別《わか》れについて

うちの子《こ》といつまでも一緒《いっしょ》にいたい、だれしも思《おも》うことでしょう。しかし、悲《かな》しいけれど、命《いのち》には終《お》わりがあります。いざというときのため、お別れについて考《かんが》えておきましょう。

ハムスターの寿命《じゅみょう》は2年《ねん》ほど

ずっと一緒にいたいけど、ハムスターの寿命は平均約《へいきんやく》2年。いつかはお別れしなければいけないことをきちんと理《り》解《かい》しておき、それまでの時間《じかん》を悔《く》いなく楽《たの》しく過《す》ごしましょう。

お別れの仕方《しかた》を考えておこう

あわてていて納得《なっとく》がいく方法《ほうほう》でお別れできなかったとなると、悔いも残《のこ》ります。お庭《にわ》にうめてあげるのか、ペット霊《れい》園《えん》でお葬式《そうしき》をあげるのか、事前《じぜん》に考えておくことも必要《ひつよう》です。

毎日精一杯《まいにちせいいっぱい》かわいがってあげよう

毎日精一杯お世話《せわ》をしたのであれば、病気《びょうき》で亡《な》くなったとしても、それはだれのせいでもありません。自分《じぶん》を責《せ》めたりせず、感謝《かんしゃ》の気《き》持《も》ちで見送《みおく》ってあげましょう。

ハムスター豆知識《まめちしき》その5

各国《かっこく》のハムスター事情《じじょう》

ドイツ語《ご》で「ハムスター」の意味《いみ》は？

ドイツ語の「Hamster（ハムスター）」は「買《か》いだめ、買い出《だ》し」という意味。ほおぶくろにエサをつめ込《こ》むあの姿《すがた》を思《おも》い浮《う》かべれば、なるほどとうなずけますよね。

ベトナムではハムスターの所有《しょゆう》・売買禁止《ばいばいきんし》

ベトナムでは、ハムスターを飼《か》っているのが見《み》つかると罰金《ばっきん》を科《か》せられます。これは、ペットとして飼われているハムスターの多《おお》くが、ベトナムに違法《いほう》に持《も》ち込まれたものだから。正規《せいき》のルートができて、ベトナムでも、堂々《どうどう》とハムスターを飼える日《ひ》が来るといいですね。

中国《ちゅうごく》でハムスターが人気《にんき》のワケ

2008年《ねん》の干支《えと》は「ねずみ」。中国でも、ねずみをモチーフにした商品《しょうひん》がよく売《う》れました。また、そのねずみの仲間《なかま》であるモルモットやハムスターも大人気に。ペットショップでは、ハムスターを求《もと》める人《ひと》が増《ふ》え、ハムスターの飼育関連《しいくかんれん》グッズがよく売れたのだとか。

イギリスの少年《しょうねん》がハムスターの運動《うんどう》に注目《ちゅうもく》して発明《はつめい》したものは？

イギリスで16歳《さい》の少年が発明したのが「ハムスター携帯充電器《けいたいじゅうでんき》」。ハムスターが回《まわ》し車《ぐるま》を回した分だけ、その動力《どうりょく》で電気《でんき》を充電できるものです。夜中《よなか》の間中《あいだじゅう》回し車で走《はし》り続《つづ》ける自分《じぶん》のハムスターを見て思《おも》い付《つ》いたのだそう。

監修：中村ちはる

アーリン動物病院院長。東京農工大学農学部獣医学科卒業後、犬猫を含む総合診療を経て、小動物の専門医として臨床に携わる。『ペット119ばん・ウサギ』（国土社）、『ハムスターのお医者さん』『ハムスターパラダイス』（主婦と生活社）など著書・監修ともに多数。

写真：森田米雄

写真家。フォトライブラリー「有限会社ノアノア」主宰（http://www.noa-noa.co.jp）。東京写真大学短期大学部（現・東京工芸大学）卒。南太平洋・インド洋を中心に自然と民族をテーマとした作品を経て、現在はさまざまな動物写真を手がける。魚眼レンズを使ったペット写真「はなデカ倶楽部」のライセンシーを立ち上げる。『DOG SUMMIT』『CAT'S HEART』（永岡書店）、『うさぎのきもち』（どうぶつ出版）など作品多数。携帯公式サイト「はなデカPET」で画像＆動画配信中。日本写真家協会会員。

ご協力ありがとうございました

♣はむぞーさん
（P.21 キャンベルハムスターの写真／P.27 キャンベルハムスター・パープル、アグーチの写真／P.170、171 キャンベルハムスターの赤ちゃん・子どもの写真提供）

♣ゆるさくさん
http://yurulohas.blog17.fc2.com
（P.48 ケージの写真、小梅ちゃん・黍くんの写真ほか提供）

♣くるみさん
http://hamsterland.web.fc2.com
（P.49 ケージの写真、パールくん・シャーリー姫ちゃんの写真ほか提供）

♣椿さん
http://www.yukinohime.net
（P.16・P.131 うららちゃんの写真ほか提供）

本書に関するお問い合わせは、書名・発行日・該当ページを明記の上、下記のいずれかの方法にてお送りください。電話でのお問い合わせはお受けしておりません。
・ナツメ社 web サイトの問い合わせフォーム
https://www.natsume.co.jp/contact
・FAX（03-3291-1305）
・郵送（下記、ナツメ出版企画株式会社宛て）
なお、回答までに日にちをいただく場合があります。正誤のお問い合わせ以外の書籍内容に関する解説・個別の相談は行っておりません。あらかじめご了承ください。

かわいい！たのしい！ ハムスターの育《そだ》て方《かた》
2021年11月10日発行

監修者　中村《なかむら》ちはる　　Nakamura Chiharu,2008
発行者　田村正隆
発行所　株式会社ナツメ社
東京都千代田区神田神保町1-52 ナツメ社ビル1F
（〒101-0051）
電　話　03(3291)1257（代表）
ＦＡＸ　03(3291)5761
振　替　00130-1-58661
制　作　ナツメ出版企画株式会社
東京都千代田区神田神保町1-52 ナツメ社ビル3F
（〒101-0051）
電　話　03(3295)3921（代表）
印刷所　図書印刷株式会社
ISBN978-4-8163-4585-2　　Printed in Japan
〈定価はカバーに表示してあります〉
〈落丁・乱丁本はお取り替えします〉

【スタッフ】

編集協力　株式会社スリーシーズン（伊藤佐知子）
イラスト　田中美香
http://hammytouch.com
マンガ　国栖晶子
http://www15.ocn.ne.jp/~hamugoro
撮影協力　有限会社ノアノア（石橋絵）
※ハムスターのパーツ・飼育用具写真ほか
デザイン　小林峰子・井澤朱美
本文DTP　株式会社アドクレール
編集担当　ナツメ出版企画株式会社（齋藤友里）